Le logement aidé en France

Questions Contemporaines

Collection dirigée par J.P. Chagnollaud, B. Péquignot et D. Rolland

Chômage, exclusion, globalisation… Jamais les « questions contemporaines » n'ont été aussi nombreuses et aussi complexes à appréhender. Le pari de la collection « Questions Contemporaines » est d'offrir un espace de réflexion et de débat à tous ceux, chercheurs, militants ou praticiens, qui osent penser autrement, exprimer des idées neuves et ouvrir de nouvelles pistes à la réflexion collective.

Derniers ouvrages parus

Jean-René FONTAINE et Jean LEVAIN, *Logement aidé en France, Comprendre pour décider*, 2011.
Marc WIEL, *Le Grand Paris*, 2010.
Theuriet Direny, *Idéologie de construction du territoire*, 2010.
Carlos Antonio AGUIRRE ROJAS, *Les leçons politiques du néozapatisme mexicain, Commander en obéissant*, 2010.
Florence SAMSON, *Le Jungle du chômage*, 2010.
Frédéric MAZIERES, *Les contextes et les domaines d'interventions de l'Attaché de Coopération pour le Français*, 2010.
Noël NEL, *Pour un nouveau socialisme*, 2010.
Jean-Louis MATHARAN, *Histoire du sentiment d'appartenance en France. Du XIIe siècle à nos jours*, 2010.
Denis DESPREAUX, *Avez-vous dit performance des universités ?*, 2010.
Vincent TROVATO, *Marie Madeleine. Des écrits canoniques au Da Vinci Code*, 2010.
Ricciarda BELGIOJOSO, *Construire l'espace urbain avec les sons*, 2010.
Collectif des médecins du travail de Bourg-en-Bresse, *La santé au travail en France : un immense gâchis humain*, 2010.
Cyril LE TALLEC, *Petit dictionnaire des cultes politiques en France*, 2010.
Steven E. Stoft, *Dépasser Copenhague : Apprendre à coopérer. Proposition de politique mondiale post-Kyoto*, 2010.
Bernard OLLAGNIER, *Communiquer, un défi français. De l'illusion du tout com' à la communication réelle*, 2010.
Jean-Pierre CASTEL, *Le déni de la violence monothéiste*, 2010.
Sergiu MIŞCOIU, *Naissance de la nation en Europe*, 2010.

Jean-René FONTAINE

Jean LEVAIN

LOGEMENT AIDÉ EN FRANCE

Comprendre pour décider

L'Harmattan

Nous sommes conscients que quelques scories peuvent subsister dans cet ouvrage. Étant donnée l'utilité du contenu, nous prenons le risque de l'éditer ainsi et comptons sur votre compréhension.

5-7, rue de l'Ecole polytechnique ; 75005 Paris

http://www.librairieharmattan.com
diffusion.harmattan@wanadoo.fr
harmattan1@wanadoo.fr

ISBN : 978-2-296-13709-7
EAN : 9782296137097

« Ne recevoir jamais aucune chose pour vraie que je ne la connusse évidemment pour telle, c'est-à-dire d'éviter soigneusement la précipitation et la prévention et de ne comprendre rien de plus en mes jugements que ce qui se présentoit si clairement et si distinctement en mon esprit que je n'eusse aucune occasion de la mettre en doute »

Descartes

INTRODUCTION

S'il est un domaine auquel s'applique cette partie du fameux Discours de la Méthode, c'est bien celui du logement et particulièrement du logement aidé.
Depuis de longues années en effet, les officiels se félicitent des progrès que paraît-il l'on réalise. Pourtant, toujours davantage de mal logés de toutes conditions et d'associations se résignent, s'impatientent ou se révoltent devant l'échec patent des politiques censées résoudre le problème. Mais **y a-t-il vraiment une politique du logement ?**

Les ministères s'égrènent, les commissions se succèdent, les media bruissent de déclarations péremptoires, les professionnels collectionnent les statistiques en affirmant envers et contre tout, avec un large soutien parlementaire, qu'il ne faut rien changer au système et que tout ira bien…demain ou après-demain. Demain, quand les lendemains chanteront, que les méchants seront devenus gentils et construiront plein de logements ou que l'économie de marché aura résolu tous les problèmes. Bref, c'est un marronnier, un assez triste marronnier.

Or, si rien ne change et que les choses s'aggravent, c'est probablement qu'il faut s'y prendre autrement pour se rapprocher du but et aborder la problématique du logement de façon cartésienne, c'est-à-dire en refusant les *a priori* et les *diktats* intellectuels, pour proposer des solutions inspirées du bon sens et de raisonnements bien construits, afin que tous puissent un jour accéder à un droit constitutionnel, celui d'avoir un toit. Commençons donc par le commencement.

LE CHOIX DES GENS

Tout le monde le sait. Même les « politiques » semblent s'en être aujourd'hui aperçus. **Vivre un jour sous leur propre toit reste la première des préoccupations des Français.** Il semble bien pourtant qu'on ait longtemps oublié cette évidence, puisque dans l'un des pays les plus riches et les plus influents de la planète le problème du logement reste, en ce début de vingt-et-unième siècle, l'un des plus lancinants de ceux qui se posent à nos compatriotes.

Il y a d'abord les SDF, les sans-logis, les expulsés qui vivotent en hôtel garni, les mal-logés, ceux qui habitent malgré eux chez des marchands de sommeil ou dans des logements insalubres et ceux qui « n'habitent » nulle part. Leur nombre ne diminue pas et même il augmenterait plutôt ainsi que de récents évènements nous en informent : incendies d'immeubles vétustes, réapparition des squats et des bidonvilles, « découverte » officielle de conditions de vie inacceptables dans la France du XXIe siècle et pour finir, manifestations bien médiatisées mais sans lendemain efficace. Bien des raisons existent à cet état de choses, qu'elles soient d'ordre économique, social, administratif ou politique.

Il y a ensuite ceux dont l'habitat est lié à la profession ou à l'activité : gens du voyage, militaires, agriculteurs, marins ou mariniers, instituteurs, étudiants, pensionnaires, religieux des ordres et bien d'autres encore. Ils sont de moins en moins nombreux, du fait de l'évolution de la société. Mais, de même que pour ces nomades que dans certains pays l'on veut à tout prix sédentariser, il conviendrait peut-être de se demander s'il faut par principe renvoyer à un marché général du logement déjà trop étroit pour satisfaire tout le monde, des citoyens qui avaient accepté un habitat spécifique dans des conditions qui *leur* convenaient, même si elles dérangeaient le conformisme… ou les intérêts des autres.

Il y a ceux dont l'habitat est lié à l'âge ou à l'état de santé : malades, personnes âgées, handicapés. Ces personnes sont vulnérables et, dans la plupart des cas, elles sont hors d'état d'exercer une liberté fondamentale : le choix de leur logement.

Il faut d'ailleurs prendre garde que le nombre croissant de personnes âgées dépendantes ou non, allié aux redoutables conséquences de l'application aveugle du principe de précaution et aux problèmes financiers qui se poseront de plus en plus aux familles, risque de faire apparaître un problème de logement supplémentaire et à grande échelle pour cette partie de la population que guette l'exclusion.

Beaucoup de Français (au sens territorial du terme) n'ont pas vraiment eu le choix : l'immense nombre de ceux qui habitent « en HLM » parce que leur revenu ne leur permettait pas, à un instant donné, d'accéder à la propriété ni de louer à leur guise là où ils souhaitaient vivre.
Entre temps et même si la famille gagne mieux sa vie, ils n'ont pas toujours pu ni parfois voulu, d'ailleurs, accéder au marché libre locatif ou acquérir.
La différence considérable entre les loyers libres et ceux d'un parc HLM ancien parfois de bonne qualité, l'insuffisance des opportunités financières en accession directe, l'accoutumance à un environnement souvent très lourd mais socialement très intégré, les problèmes de transport, tout s'est ligué pour les en empêcher.
On voit poindre là l'un des effets pervers du système, qui prêche *urbi et orbi* le parcours résidentiel mais qui dans les faits lui oppose souvent des obstacles quasi-insurmontables, le transformant ainsi en un mythe vivace.

Ajoutons que, ces vingt dernières années, des gouvernements successifs ont laissé s'élargir démesurément les conditions d'accès au logement aidé, créant chez la plus grande partie des Français un espoir qui est en fait un mirage, le parc social ne constituant en gros qu'un quart des résidences principales. Nous verrons que l'amoncellement de candidatures insatisfaites pèse largement sur des élus locaux largement privés de moyens d'action à la dimension du problème ainsi créé.

Ainsi « les HLM » forment-ils un véritable monde, régi par ses propres règles et qui va de la précarité déguisée à la quasi-propriété de logements indéfiniment occupés par la même famille ou ses descendants voire, dans des cas marginaux, à la résidence secondaire pour ceux qui s'en sont sortis socialement et ont pu se retirer ailleurs. Il se caractérise par son caractère massif, sa qualité de vie souvent moyenne voire médiocre et surtout par un urbanisme isolationniste, plaqué sur la cité et non prévu ou harmonisé par elle.

Aujourd'hui au contraire, la production est souvent d'une qualité remarquable...mais elle ne peut répondre quantitativement aux vrais besoins. Elle se fait souvent aussi moyennant des loyers élevés et dans le cadre d'un urbanisme presque aussi brutal que le précédent.
On peut même se demander si à force de rechercher le plus haut niveau possible, on ne va pas parfois à l'encontre du but recherché, qui est selon nous de loger rapidement et décemment mais pas forcément durablement au même endroit.

Il y a enfin ceux, les plus heureux, qui ont pu choisir entre louer ou acquérir leur logement et déterminer, en fonction de leurs revenus et de leurs goûts, les conditions de leur habitat. Ils auront naturellement tendance, ceux-là, à vouloir sauvegarder et protéger cette situation exceptionnelle, pour ne pas dire ce privilège, surtout dans les zones fortement urbanisées. C'est bien naturel. C'est peut-être égoïste, mais c'est légitime ou en tous cas, légal.

Dans une commune, si l'on cherche bien, toutes ces catégories seront représentées dans des proportions très variables et **donc l'idéal, en matière de logement, n'existe à peu près jamais. Pour autant, être logé et si possible bien logé, est essentiel** à une vie heureuse et, pour ceux qui y aspirent, l'obsession d'y parvenir est la source de soucis voire d'angoisses quotidiennes. Associées à d'autres types de difficultés, ces craintes peuvent marginalement déboucher sur des comportements déviants auxquels le caractère systématiquement massif du logement dit social de l'ancienne génération et même dans certains cas, de la nouvelle, donne du retentissement. Il en va de même, d'ailleurs, des copropriétés mal conçues et mal distribuées que l'on rencontre dans certaines banlieues parisiennes ou en régions.

Quel élu n'a pas rencontré de ces situations inextricables dues au manque, à la perte ou au partage forcé du logement, généralement locatif ?

Quel maire - adjoint au logement n'a rencontré de ces familles poussées à bout par la séparation ou au contraire la promiscuité, la pression sociale, la malchance, le surendettement, l'injustice sociale, parfois aussi par leur propre irresponsabilité ?

Quel maire n'a pas dû faire face à un maquis administratif et judiciaire protégeant indûment, au nom du droit au maintien dans les lieux, des fauteurs de trouble invétérés pourrissant la vie de leurs voisins alors que de braves gens dont le seul crime est d'avoir des fins de mois difficiles, sont mis à la porte… pour se retrouver ensuite « prioritaires » dans un contingent de mal logés (version « modernisée » : contingent DALO du Préfet !), parfois même face au bailleur HLM qui les a expulsés.

Bref, **l'entassement désordonné de couches de textes successifs et souvent incohérents auxquels d'autres, issus de la bonne conscience ou de l'incontinence parlementaire, viennent sans cesse s'ajouter, a fini par provoquer une perte de sens globale**.

Aujourd'hui, pour faire court, la situation n'est pas satisfaisante. Nombreux sont ceux qui ne sont pas logés du tout ou dans des conditions indignes. Nombreux, toujours plus nombreux sont ceux qui souffrent de n'être pas libres de se loger où ils veulent et comme ils veulent. Nombreux sont ceux, et ce sont parfois les mêmes, que menace la perte de logement, par exemple les personnes âgées isolées. Car ne pas être propriétaire permet de faire des économies ou de jouer les cigales au long de la vie. Mais quand vient l'hiver de celle-ci, où est la protection et comment payera-t-on des loyers ou la maison de retraite, avec une pension riquiqui ?
Répondre aux besoins c'est d'abord comprendre les aspirations des gens. Cela peut paraître évident, mais l'expérience prouve que ce principe de bon sens est, en France, constamment bafoué depuis

des années car notre pays, tout en se réclamant constamment de Descartes, ne suit guère ses leçons, tout au moins une partie d'entre elles.

Et la bonne leçon d'un échec, devenu pourrait-on dire institutionnel, n'a semble-t-il toujours pas été tirée, tant la pensée unique imprègne encore les esprits en matière de politique du logement, surtout en ce qui concerne le logement aidé dont le fonctionnement semble s'être transformé en vache sacrée.

ÉTAT DES LIEUX
ET LIEUX COMMUNS

Au-delà de ces quelques réflexions introductives, un état des lieux paraît nécessaire.

UNE HISTOIRE QUI MARQUE...

En France, de façon quasi - continue depuis la dernière guerre, la politique des gouvernements et des administrations en matière de logement a été dans les faits et même si ce n'était pas bien sûr leur intention réelle, fondée sur le principe que moins les Français étaient riches moins ils avaient le « droit »d'accéder à la propriété. Cela revient à affirmer que **plus les gens sont pauvres, moins ils ont le droit d'épargner et de vivre chez eux.**

On retrouve ici une constante fondamentale de la pensée du patronat chrétien du tournant du siècle précédent, qui imprègne jusqu'à ceux qui s'y proclament hostiles. Bien entendu, le logement aidé a aussi des origines radicales et laïques mais peut-être sont-elles aujourd'hui moins audibles, surtout dans le secteur des CIL, historiquement plus récent. Un autre raisonnement, économique celui-là, a probablement joué aussi, celui selon lequel la propriété était un frein à la mobilité de la main d'œuvre et qu'il fallait donc privilégier le locatif. Parallèlement la fiscalité a ajouté son poids sur les mutations immobilières, devenues une manne pour les collectivités locales et particulièrement les conseils généraux. **Sous l'influence de ces facteurs et de bien d'autres, la propriété individuelle s'en est trouvée appréciée au-delà des possibilités financières de bien des accédants putatifs.**

Cependant, n'importe quel maire intellectuellement honnête pourrait témoigner que l'immense majorité de leurs administrés, s'ils avaient le choix, préférerait ne pas gaspiller leur argent en loyers et prendre le risque d'investir dans un logement stable. Et par conséquent, que la plupart des Français ne partagent pas la vision officielle des choses ni la pensée unique.
Paradoxalement et après qu'on ait créé de très nombreux organismes publics ou privés pour produire et gérer des HLM selon une formule quasi exclusivement locative, les conséquences de ce choix majeur n'ont pas été tirées au plan des charges foncières.

...AU TRAVERS D'UNE VISION PATRIMONIALE TENACE

En effet, si par principe, on pose l'équation logement *social* = logement *locatif*, il serait pourtant bien préférable que le « bailleur » social procède par bail à construction ou emphytéotique sur son terrain d'emprise, au lieu d'investir massivement dans l'acquisition des terrains. Ceux-ci sont en effet souvent hors de prix dans les zones d'activité économique intense.

A quoi bon dès lors engloutir des sommes considérables dans la propriété d'un sol qui, au vu de l'objet social unique des bailleurs, ne sert que d'emprise technique et n'a pas vocation à être vendu avec les immeubles comme en promotion privée, au lieu de les consacrer utilement au confort et à la qualité des logements ou de leur environnement urbanistique ? Ceci est d'autant plus paradoxal que lorsqu'il s'agit de financer un nouveau projet, les maîtres d'ouvrage sont parfois les premiers à crier au manque de fonds propres, ces même fonds propres qui, dans leur bilan, sont précisément mis en face des immobilisations en terrains.

Qu'il faille aux constructeurs de logement aidé un espace pour travailler durablement, c'est-à-dire bien construire et/ou bien louer, c'est évident. **Que pour autant ils doivent nécessairement en être propriétaires ne l'est nullement**, particulièrement en termes d'urbanisme. Si les constructeurs - bailleurs ont vocation à bien construire, en effet, ils n'ont ni vocation ni talent particulier pour l'urbanisme général tout au moins à ce stade.

L'immobilisation des terrains dans les bilans des ESH a d'autres effets pervers. Ainsi, dans une zone donnée que l'on souhaite non seulement requalifier mais restructurer dans le sens d'un urbanisme humain, le relogement des locataires - condition préalable et indispensable - posera un problème difficilement surmontable, générant en tous cas un fort effet ralentisseur car les groupes HLM ne coopèrent que peu entre eux.

D'autre part, propriétaire de l'emprise d'un parc qu'il exploite, l'opérateur HLM est du point de vue d'un maire bâtisseur de logement aidé, inexpugnable et il faudra bien en passer par ses souhaits (densification éventuelle d'un espace déjà dense pour des raisons de « rentabilité » ou abstention de reconstruction d'immeubles dont les prêts ne sont pas amortis). Ce serait en effet une erreur de penser que les ESH souhaitent toujours bâtir ou rénover leur parc ou le faire en faisant prévaloir un urbanisme qualitatif car ce sont d'abord des bailleurs et pas des urbanistes.

De fait, les « bailleurs » qui cherchent par ailleurs à maintenir et à valoriser leur patrimoine, ont tendance à reconstruire sur place, certes mieux mais tout aussi massivement, ce qui rend l'intérêt urbanistique des démolitions - reconstructions souvent théorique.

Cependant, si l'on veut réussir un urbanisme de qualité, il est indispensable de pouvoir restructurer les zones surdensifiées et des équilibrer avec d'autres. **Comment y parvenir si le pouvoir local est, par hypothèse, contraint de travailler les opérations avec un seul bailleur qui campe sur « son » territoire et estimera, à l'heure de sa propre montre, qu'une simple requalification fait parfaitement l'affaire** alors que le décideur politique prendra en compte, lui, tous les facteurs de l'urbanisme et qu'il est, lui, légitime à décider de l'avenir et de l'équilibre de son territoire ?

Il faut dire aussi que le refus constant des pouvoirs publics français de favoriser objectivement l'acquisition de terrains par les collectivités locales susceptible de les mettre à bail dans un but social, économique ou urbanistique en est largement responsable. Et ce n'est que récemment (et pour combien de temps) que le développement des agences foncières, de la DIDOL et d'autres moyens de pression sur les détenteurs de foncier important portent quelques fruits. Les agences foncières d'État (AFTRP, AFRs, AFDs) sont naturellement un progrès mais elles n'ont aucun pouvoir d'initiative. Elles restent souvent frileuses en termes de durée et ne font pas non plus baisser les prix.

Il est d'ailleurs étrange de voir le contribuable amené à subventionner, au travers des agences foncières, la vente d'une

emprise par un organisme public (RFF, Armées etc.) à un autre organisme public ou à mission publique (ESH) aux fins d'y construire à usage exclusif de location alors qu'un bail de longue durée serait beaucoup plus simple, rapide et économique.

D'autre part, l'évolution de la politique des Domaines, visant à fournir des références de marché pour les évaluations patrimoniales auxquelles sont soumises les transactions des collectivités territoriales, est à l'origine sans doute justifiée. Mais elle a eu aussi de redoutables conséquences en renchérissant beaucoup et surtout constamment, le coût des projets.
Il n'est pas rare d'ailleurs de voir certains d'entre eux "courir" indéfiniment derrière le train des réévaluations successives dans la mesure où leur montage lui-même prend beaucoup de temps. Et la flexibilité des financements n'est guère présente, c'est le moins que l'on puisse dire.

A l'arrivée, on favorise des situations aberrantes telles que celle que nous rencontrons souvent aujourd'hui. L'urbanisme qualitatif est rendu très difficile, les fonds publics sont gaspillés et le secteur privé du bâtiment perd des opportunités que le développement d'une nouvelle couche d'acheteurs, plus modestes, lui procurerait.
Quant aux financements des éco - quartiers de différents modèles il existe certes et même se développe, mais il tend à accroître la complexité des dossiers et pousse toujours dans le même sens, celui de la priorité aux besoins des couches de la population les moins défavorisées sur l'air de la "mixité sociale" qui a décidément bon dos, très bon dos.

...ET D 'UN URBANISME LENT À ÉVOLUER

Autre constat : aujourd'hui tout le monde sait qu'un habitat massif, laid et mal entretenu génère nécessairement des dangers pour l'équilibre psychologique et sociétal des gens qui y vivent et constitue l'un des facteurs principaux de développement de l'insécurité. Pourtant, il a fallu attendre les toutes dernières années, à un moment où le foncier se raréfie et devient hors de prix dans les zones les plus urbanisées, pour qu'on se mette enfin à construire des logements aidés moins massifs et plus confortables mais aussi avec des loyers bien plus élevés, donc accessibles à une partie seulement des trop nombreux demandeurs de logement.

Quant aux tours et aux barres agglutinées de logement aidé mais aussi de copropriétés, elles sont toujours là, merci. Or les mêmes causes, dans les mêmes conditions, produisent toujours les mêmes effets, aggravés par d'autres évolutions de la société. Et lorsque les effets d'annonce de la période actuelle, après tant d'autres, auront passé, on s'apercevra que l'urbanisme et la sociologie ne se résument pas à des exercices statistiques.

Crier au loup, menacer ou exorciser sans accorder de moyens supplémentaires aux organes de régulation sociale, prétendre remédier aux conséquences d'un mauvais urbanisme tout en perpétuant les fondements de celui-ci, tout cela est indigne de femmes ou d'hommes politiques sérieux.

L'ANRU existe certes, et ce n'est pas rien : 13 milliards d'euros ! Mais ici aussi la rigidité du système est considérable : on a créé deux mondes, « in » et « out » de l'ANRU et si le principe d'actions « coup de poing » respecte au moins l'urgence du problème et que des choses se font, il faut s'interroger nous semble-t-il sur leur durabilité sociale. Et beaucoup reste à faire dans la « nuanciation » des programmes ANRU.

C'est plutôt dans l'*appropriation douce des espaces* qu'il faut rechercher les solutions car une approche purement financière et technique de dossiers qui naviguent d'administration en administration a forcément ses limites.

N'oublions pas que la partie qualitative des problèmes actuels trouve sa source dans une approche de ce type, avec les moyens de l'époque.

Tout le monde pose ses conditions et cherche à imposer ses critères : les agences foncières, les ESH, l'État, les Départements, la Région, les associations d'environnement et derrière elles, les électeurs.

Malheur au porteur de projet qui veut « construire social » dans des zones jusque là « épargnées » !

Il a toutes les chances d'en payer le prix politique et de se voir remplacer un jour ou l'autre par un élu beaucoup moins accommodant sur ce chapitre, ce qui ne peut à la longue que raréfier la ressource.
Et même si nous sommes en France et qu'à la fin des fins le « relationnel » arrange bien des choses et contribue à améliorer le bilan final, les pertes en ligne dans le système sont énormes, en temps et en quantité.
La réalité, c'est que le déficit en logement ne cesse d'augmenter.

Mais il y a autre chose. Nous avons déjà vu qu'il fallait, semble-t-il, « punir » les pauvres en les empêchant de devenir propriétaires. Mais l'injustice ne s'arrête pas là.

DES MOTS CONTRE DES RÉALITES

Nous reviendrons un peu plus loin sur le logement en général. Attardons-nous quelques instants sur le logement aidé, tel qu'il est conçu actuellement.
Le monde du logement social étant, bien à tort, devenu un monde massif fondé sur une concentration en étendue et en hauteurs (barres et tours) mais aussi le plus souvent dans des quartiers spécifiques, il génère une vie en société particulière, longuement étudiée par certains sociologues. Cette société spécifique est largement alimentée par une politique d'attribution des logements qui présente généralement la double caractéristique d'avoir un caractère en principe définitif et de prendre en compte des critères allant au-delà d'une inadéquation entre le revenu disponible et le lieu et la qualité de logement recherchés.

Il s'est développé, au sein de ce monde, sous l'influence de certains esprits peut-être généreux mais mal inspirés, une étrange éthique qui a fait perdre aux mots la signification qu'ils ont en français courant. C'est un signe évident, s'il en est, de l'apparition d'une technostructure devenue plus ou moins incontrôlable, dans la mesure où le pouvoir politique ne prend pas - enfin - sérieusement ses responsabilités dans ce domaine.

UN BAIL...QUI N'EN EST PAS UN

Pour commencer, un « bailleur social », par exemple, n'est pas un bailleur au sens usuel du terme car il n'y a, en fait, pas de bail dans le secteur du logement social !

De fait, si on additionne les effets du droit au maintien dans les lieux, de l'application autorisée des surloyers voire même (sic !) de transmettre *en fait* le bénéfice d'un logement social à ses enfants, on voit mal ce qui reste des caractéristiques juridiques d'un bail, contrat par définition limité dans le temps ! **Ce qui s'est mis en place progressivement, c'est un régime juridiquement bâtard, qu'on pourrait qualifier de quasi-propriété**, et qui, loin de combiner les avantages du bail et de la propriété véritable, rassemble nous semble-t-il principalement...leurs inconvénients.

À LA TÊTE DE L'IMMEUBLE OU DU CLIENT

Dans la législation HLM, le montant des loyers est défini dans la convention qui concerne l'immeuble au moment de sa mise en service ou à la date de son conventionnement, s'il s'agit d'un immeuble déjà construit. Les niveaux des loyers dans le parc peuvent donc être très différents suivant l'année où ils ont été fixés !

Ainsi, le maintien indéfini dans les lieux sans tenir compte du changement de situation d'occupation ou de ressources, allié à des actualisations de loyer irrégulières, fait qu'**il existe d'énormes différences de loyers dans des HLM de même catégorie sur les territoires, et que les taux d'effort nets des aides personnalisées sont très différents**. Les meilleures conditions ne sont donc nullement réservées à ceux qui le méritent le plus.

Curieusement, les études statistiques sur les taux d'effort sont extrêmement rares voire inexistantes. Personne n'y voit semble-t-il d'intérêt, alors qu'on arriverait presque certainement à des résultats surprenants. Silence radio sur ce sujet...

DU SOCIAL PAS TOUJOURS SOCIAL

Le logement aidé n'est pas non plus toujours social, car l'État, au motif détourné de la « mixité sociale » (concept aussi vague qu'évolutif dans le temps et dans l'espace) a accepté de transgresser lui-même ses propres lois.
La logique du logement aidé comporte nécessairement un plafond de revenus à ne pas dépasser. Si un locataire dépasse ce plafond de revenus - ce qui impliquerait qu'il doive se reloger dans le marché privé - il lui est proposé de verser une somme d'argent supplémentaire (surloyer dit aussi SLS) qui l'autorisera à continuer d'habiter sur place - au détriment, bien sûr, d'un autre candidat au logement à qui l'on refuse depuis des années d'en obtenir un.
Certaines règles, négociées depuis des années par le lobby des HLM dans un esprit de solvabilité du parc (ainsi la fameuse « mixité sociale »), exigent même que parmi les nouveaux logements certains soient réservés à des locataires dépassant les plafonds (!).

Cela signifie qu'au lieu de dire à quelqu'un :

« Madame, Monsieur, vous avez eu pendant un certain temps la possibilité de profiter d'un logement à des conditions privilégiées. On ne vous demande pas de rembourser cet avantage dont vous avez bénéficié parfois pendant de nombreuses années et qui vous aura permis, avec l'aide du contribuable, de constituer une épargne peut-être investie dans une résidence secondaire. Mais vos affaires vont mieux et vous devez désormais, dans un délai donné et raisonnable, trouver un logement dans le marché privé pour nous permettre de servir l'un des innombrables candidats à l'avantage dont vous avez profité pendant que vous en aviez vraiment besoin »,

On lui dit en substance :

« Nous savons que vous êtes plus solvable que précédemment et donc nous vous autorisons à rester là tout en augmentant un peu votre loyer, de telle façon que vous ayez (et nous aussi !) Intérêt à rester là. Tant pis pour ceux qui n'auront pas de logement et

devront continuer à payer en loyers dans le secteur privé, la moitié voire plus de leur revenu ou qui devront s'exiler car ils n'ont pas trouvé de logement du tout ou vivent dans des conditions indignes. Nous, ça nous arrange d'avoir un locataire qui ne bouge pas et qui devient donc de plus en plus solvable au fil des années ».

ANNEXE 1

SUPPLÉMENT DE LOYER DE SOLIDARITÉ (SLS)

Certes, le SLS a été réformé en 2008, (décret du 21 août). Mais **ce nouveau régime de surloyer ne peut réellement dissuader les locataires disposant de ressources confortables de renoncer au droit de maintien dans les lieux** qu'ils ont acquis dans le parc HLM et les inciter à rechercher un autre logement dans le parc privé ou se diriger vers l'accession.

En effet le SLS ne peut s'appliquer qu'en cas de revenus nets (de l'année n-2 supérieurs de 20 %(ou 30% dans le cas du PLS) aux plafonds de ressources qui sont déjà supérieurs de 10 % à plus de 300% des salaires médians.

Par ailleurs, dans un objectif de « conservation de la mixité sociale » (sic), il ne s'applique pas dans les ZUS et les zones de revitalisation rurale. Au surplus, les EPCI intercommunaux peuvent jusqu'en 2010 exclure certains zones ou quartiers de l'application du SLS ou prévoir un plafonnement maximum du taux d'effort après SLS de 35% maximum. De même les organismes HLM ou les SEM peuvent dans le cadre de conventions « d'utilité sociale », déroger au SLS.

Quelle signification ont ces dérogations multiples alors que dans ces zones et collectivités les demandes de logements aidés non satisfaites sont considérables et que les bailleurs se plaignent du manque de moyens pour améliorer l'entretien de leur parc ou pour investir dans de nouveaux logements ?

Le calcul du SLS prévoit des tranches allant jusqu'à 150 % et plus des plafonds de ressources !. Le supplément de loyer de référence est fixé par zone. Par exemple, 2 euros pour l'Ile-de-France hors Paris. Il est ensuite abattu par un coefficient du dépassement du plafond.

Enfin, le montant du loyer majoré du SLS est plafonné par décret par mètre carré et à 25 % des ressources de l'ensemble des habitants du logement.

Avec de telles règles de calcul, le SLS est largement inefficace en vue de l'incitation au départ vers d'autres formes de logement des locataires installés dans leur avantage logement. Dans les cas extrêmes il perpétue une rente foncière au bénéfice de « privilégiés ». En aucun cas il n'y a pourtant, selon nous, de justification économique, sociale ou éthique au maintien dans les lieux de ménages dépassant les plafonds de ressources, surtout s'ils restent aussi élevés qu'à l'heure actuelle. Le législateur devrait prévoir un régime d'extinction progressive mais rapide de ce dispositif lié à l'institution d'un examen périodique des situations des locataires au regard des conditions légales d'attribution.

PAS DE JUSTICE, EN HLM !

Le droit au logement est une idée généreuse à laquelle nous croyons profondément. En milieu HLM, elle se trouve malheureusement pervertie, sous la forme du « droit au maintien dans les lieux » en une logique aberrante qui permet par exemple à l'individu ou à la famille dont le comportement « pourrit » la vie à toute une cage d'escaliers pendant des années mais qui paye ses loyers (quelle que soit l'origine des revenus qui servent à les payer) d'obtenir le départ de leurs malheureux voisins !

En effet, s'il est possible d'être expulsé d'un logement HLM pour défaut de paiement des loyers (alors qu'il existe, tout au moins en principe, des dispositifs gouvernementaux pour indemniser les organismes créanciers), **il est très rare de l'être pour non application du règlement de vie commune par un bailleur**. Celui-ci se trouve en effet privé de la force de dissuasion que constituerait pour lui la menace de non renouvellement du bail. Les tribunaux insistent quasiment toujours sur le fait que, le lien juridique entre le comportement civique et le fameux « bail » HLM n'existant pas, c'est aux fauteurs de trouble de rester, du moment qu'ils arrivent à financer leurs loyers. Dans le secteur privé, l'application du règlement pourrait se faire car la résiliation du bail serait prononcée et aucune disposition d'ordre public ne s'y opposerait. Pas dans le secteur aidé.

Ainsi, dans l'état actuel de la législation, l'intervention de la justice est relativement plus efficace pour le défaut de paiement des loyers, fait facilement constatable, que pour des désordres portant atteinte à la quiétude des autres locataires ou concitoyens, ces désordres fussent-ils graves et répétitifs.
Voilà à quoi aboutit le maintien aveugle, pour des raisons beaucoup économiques qu'humaines, d'un principe dont on ne mesure pas les redoutables conséquences par rapport à l'intérêt général et finalement, au contrat social.

En d'autres termes, la tendance à préférer la solvabilité globale d'un parc au bien vivre de tous les locataires existe réellement. Voilà bien une étrange conception « sociale » de notre système, qui fabrique naturellement de nouveaux sans-logis pour raisons financières et donc alimente les fameux « contingents mal logés » des préfectures !. La différence avec une politique de l'autruche est ici bien difficile à percevoir.

C'est ce qui conduit certains groupes HLM, légitimement préoccupés de leur situation financière, à se comporter en bailleurs privés gérant un système de quasi-propriété et non plus conformément à leur vocation spécifique, forcément évolutive en relation avec le changement socio-économique de la France depuis la guerre.

A l'arrivée, une conception « sociale » en a chassé une autre et l'on n'a sans doute pas fait le bon choix en préférant une solvabilité locative tournant autour de la priorité donnée aux « classes moyennes » ou supposées telles, au souci d'aider tous les Français, indépendamment de la faiblesse de leurs revenus (par exemple pour les chômeurs, les sans-abri, les travailleurs temporaires et les publics que la loi DALO est censée protéger) à se loger décemment.

Pourquoi ne personnalise-t-on pas davantage les aides ? C'est l'une des questions qui se posent et qui est directement liée au problème. Sans doute, parce que la vision sociale des gouvernants est déconnectée du « système » HLM qui ne connaît, lui, que les loyers et développe de façon autonome sa propre philosophie, indépendante des populations qu'il est censé accueillir. **On le verra plus loin, l'une des solutions est sans doute que ce soit le loyer qui soit social**, c'est-à-dire qu'il soit directement proportionné au revenu : loyer = $\mathcal{F}$(revenu, net des aides) !

LE PLAFOND DE RESSOURCES : UN PROBLÈME CLÉ

Par ailleurs, et nous en reparlerons, se pose le problème essentiel du **plafond de ressources**. S'agissant d'une denrée rare - l'accès à un logement économique en zone de tension - en ouvrir l'accès (théorique bien sûr) au plus grand nombre est selon nous une attitude peut-être généreuse dans son principe mais dangereuse dans sa gestion et aboutissant, dans les faits, à l'inverse du résultat recherché.

On trouvera en annexe 2 une évocation de la situation actuelle, le tableau étant à cet égard tout à fait instructif. A noter qu'à l'heure où nous relisons ces lignes (septembre 2010), le ministre en exercice indique vouloir relever le niveau des SLS. Mais outre le fait que ce n'est pas une solution en soi, il faut bien se dire que les lobbies n'ont pas encore donné.

ANNEXE 2

PLAFONDS DES RESSOURCES EN EUROS AU 1ER JANVIER 2009

PRESTATIONS	1 PERSONNE		3 PERSONNES		4 PERSONNES	
PLAI	**Par an**	**Par mois**	**Par an**	**Par mois**	**Par an**	**Par mois**
Montant	13.370	1.174	26.200	2.183	28.767	2.397
% du salaire médian		81 %		129 %		142 %
% du salaire moyen		59 %		110 %		120 %
PLUS	**Par an**	**Par mois**	**Par an**	**Par mois**	**Par an**	**Par mois**
Montant	24.306	2.025	43.668	3.639	52.304	4.358
% du salaire médian		195 %		215 %		257 %
% du salaire moyen		120 %		182 %		218 %
PLS	**Par an**	**Par mois**	**Par an**	**Par mois**	**Par an**	**Par mois**
Montant	31.598	2.633	54.299	4.525	67.995	5.666
% du salaire médian		155 %		267 %		334 %
% du salaire moyen		132 %		227 %		284 %
PTZ	**Par an**	**Par mois**	**Par an**	**Par mois**	**Par an**	**Par mois**
Montant	23.688	1.974	36.538	3.044	40.488	3.374
% du salaire médian		117 %		180 %		200 %
% du salaire moyen		100 %		152 %		170 %

Les ressources comme le salaire médian et moyen sont nets de cotisations sociales et fiscales salariales qui ouvrent droit à l'ensemble des prestations sociales et de retraite (c'est à dire environ 80 % du salaire brut)

- Salaire médian net par mois ➔ 1.694 euros

- Salaire moyen net par mois ➔ 1.997 euros

COMMENTAIRES SUR LES TABLEAUX DES CONDITIONS DE RESSOURCES

➲Le **PLAI** apparaît effectivement réservé aux ménages les plus modestes dont le revenu est inférieur ou peu supérieur au salaire médian.

➲En revanche les autres catégories de HLM : PLUS ou PLS se caractérisent par des plafonds de ressources à la fois plus élevés que le salaire médian et même que le salaire moyen.
C'est ainsi qu'il a été possible d'avancer que le logement social aidé par la collectivité était accessible à plus des deux tiers de la population.
Compte tenu du niveau très attractif des loyers dans le secteur aidé (cumulé dans de nombreux cas avec les aides personnelles) le niveau très élevé des plafonds de ressources crée des espoirs et stimule fortement la demande de logements aidés. **Il n'est pas rare, surtout dans les territoires sous tension, de voir des listes de demandeurs de logements 10 fois supérieures à l'offre disponible** résultant du départ des locataires d'un parc locatif social comprenant tout de même en Ile de France 23 % des résidences principales ou de la construction neuve.
Ces plafonds élevés encouragent par ailleurs les bailleurs à préférer dans leurs attributions les candidats ayant les meilleures garanties de solvabilité donc ceux situés au haut des conditions de ressources.
Ne serait-il pas plus logique et réaliste d'abaisser le niveau de ces plafonds de ressources pour ne viser que les populations qui souffrent le plus du niveau des loyers privés et donc qui consentent le taux d'effort le plus élevé ?

➲Le plus surprenant est le niveau très modeste des plafonds de ressources pour le Prêt à taux zéro (PTZ), créé pour aider l'accession à la propriété de la résidence principale. Ils sont peu ou prou alignés pour les acheteurs sur les plafonds du PLUS la catégorie moyenne des logements aidés et même largement inférieurs pour les familles de 3 et 4 personnes (180% et 220 du salaire médian au lieu de 215 et 257 %).

➲Ces chiffres éloquents illustrent bien le jugement que nous portions sur l'objectif politique constant de l'état depuis plusieurs décennies et qui privilégie le logement locatif par rapport à l'accession. Le résultat est **qu'en France la proportion (57%) des propriétaires de leurs résidences principales, est l'une des plus faibles d'Europe.**

➲**Ne serait-il pas donc plus logique et plus réaliste, pour répondre aux aspirations de la population, d'aider davantage l'accession** à la fois par une hausse des plafonds de ressources et surtout par une augmentation significative du montant de ces prêts qui demeurent de simples appoints et non des financements principaux ?

Ce mouvement permettrait de remettre en location un nombre significatif de logements aidés, d'accroître le taux de rotation dans le parc et donc de pouvoir proposer plus rapidement une attribution aux candidats les plus modestes qui attendent actuellement parfois en vain de longues années.

En septembre 2010 est annoncée par le gouvernement une réforme du PTZ qui s'inspire de cette orientation : forte majoration des plafonds des opérations pour se rapprocher des prix réels des logements notamment dans les zones tendues ; augmentation des taux notamment pour les logements BBC ; différenciation de toutes les conditions du prêt et notamment de sa durée selon les ressources de l'accédant, la zone géographique du logement, le caractère neuf ou ancien de celui-ci. Ce programme est beaucoup plus incitatif que le régime actuel pour les revenus familiaux modestes et moyens.
Toutefois l'aide constituée par le PTZ (importance et durée du prêt) étant fortement dégressive elle ne sera probablement pas suffisante pour décider les ménages dont les ressources sont proches ou supérieures aux plafonds HLM de renoncer à la rente de situation dont ils bénéficient au titre du maintien dans les lieux avec un SLS de faible niveau.

C'est pourquoi il demeure indispensable d'orienter clairement cette catégorie de revenus vers l'accession par une baisse progressive des plafonds de ressources et l'application de surloyers significatifs pour les occupants dépassant ces plafonds : créer l'opportunité est déjà quelque chose, mais il faut aussi provoquer la prise de décision d'un locataire que le droit au maintien dans les lieux n'incite pas au changement. La solution la plus simple et la plus efficace, on le verra, semble cependant être de prendre le taux d'effort comme chiffre pivot.

D'autre part, permettre - sous réserve des enveloppes budgétaires vraiment disponibles et ce de façon pérenne - un « coup de reins » de l'accédant répondant plus ou moins aux critères bancaires actuels, c'est une bonne chose.

Mais ce n'est pas encore introduire dans les habitudes du système bancaire une prise de risques longue et bien assise sur une clientèle populaire, avec un marché immobilier qui serait rendu juridiquement plus labile et mieux sécurisé. Les banques nous ont récemment habitués à des prises de risques tout aussi importantes et socialement bien moins utiles pour ne pas dire nuisibles. Alors, pourquoi pas celle-là, si elle est suffisamment rémunératrice et soutenue par les pouvoirs publics et le monde des assurances et des mutuelles ?

REVENU ET COMPORTEMENT

Toujours à propos de la « mixité sociale », une regrettable confusion s'est installée dans l'esprit de ceux qui ont fait du « système HLM » une macroéconomie centralisée. Elle consiste à croire, avec de trop nombreux Français, que certains types de populations posent problème et d'autres non et en partant de l'hypothèse que le comportement citoyen est lié à la solvabilité, d'où le grand succès du thème de la brumeuse « mixité sociale ».
C'est là poser un postulat profondément antisocial. Mais outre son caractère très contestable, cette analyse a un effet pervers qui est lui, évident, celui de **priver un grand nombre d'aspirants locataires du logement auquel ils ont droit cependant que d'autres, qui sont depuis longtemps devenus « hors plafond » en termes de revenu, continuent à en bénéficier.**
D'autre part, dans la plupart des nouvelles opérations de reconstruction ou de construction, **le pourcentage de logement aidé réellement populaire baisse.**

L'expérience tend pourtant à prouver, dans certaines limites naturellement, que sous réserve de faire évoluer les dispositions légales en vigueur, un habitat populaire bien protégé, d'un niveau de confort suffisant et avec un environnement de qualité, ne pose pas de problèmes structurellement liés à la faiblesse des revenus des locataires qui y vivent.

En vérité le problème, si problème il y a, n'est pas une fonction du revenu; il consiste beaucoup plus simplement, tant que l'on aura à prendre en compte – le moins longtemps possible, espérons-le – des ensembles massifs, à gérer les comportements des uns et des autres et non leurs revenus, encore moins leurs origines.
C'est une vision profondément antisociale que de confondre citoyenneté et solvabilité, origine et discipline du comportement social. Des citoyens du monde débarquant de l'avion ou d'un navire de réfugiés peuvent fort bien se comporter aussi et souvent plus « socialement » que des familles installées en France depuis des générations ou depuis toujours.

Le sujet de l'immigration, entre autres, n'a donc qu'un lointain rapport avec celui-ci, **à condition naturellement qu'on veuille bien se donner les moyens juridiques et humains de garder dans la main, à tout moment, les leviers d'une police juste et efficace des comportements.**
Ce n'est pas le cas actuellement, du fait même de l'architecture du système constitué par le logement aidé. Mais c'est tout à fait possible, à condition d'en avoir le courage politique et que le Droit et la Justice suivent.

SOUS LA LANGUE DE BOIS, L'INCOHÉRENCE

L'aide au logement constitue un effort considérable de la collectivité : on l'a chiffré à quelque 26 milliards d'euros en additionnant l'ensemble des aides à la pierre et des aides personnelles.

L'accès au logement social locatif, comme à l'emploi, est donc un droit légitime mais à condition de remplir et de continuer à

remplir dans la durée, les conditions de revenu direct ou indirect fixées.
Il ne saurait selon nous être considéré comme un privilège inaliénable, indéfini et indépendant de la manière dont on en jouit. Ce serait nier des fondements essentiels de notre société comme l'exercice de la liberté individuelle et le principe de solidarité dans la mesure où malgré l'effort collectif, le besoin défini ne peut être satisfait pour tous au même moment. En un mot, c'est nier l'existence du contrat social.

Il convient donc de ne pas perdre de vue que, tout comme dans une copropriété privée, le fournisseur du logement collectif doit, en échange du loyer qu'il perçoit, assurer à tous ses locataires la jouissance paisible et confortable du bien. Comment est-ce possible, s'il ne peut dans la pratique mettre fin à un bail ou éviter de le conclure pour des raisons sérieuses mais non financières ? Comment est-il, par contre, possible de priver de façon quasiment officielle les demandeurs d'emploi, indemnisés ou non, d'un logement dont ils ont, plus encore que d'autres, besoin ?

Quelque part, le système est donc devenu « fou », incontrôlé et son mode de fonctionnement porte gravement préjudice à sa finalité même.

- Ainsi le concept de « mixité sociale » est souvent ambigu et peut cacher, au nom d'une conception erronée des rapports sociaux, les intérêts économiques bien réels des entreprises du secteur HLM.

Pourquoi ne s'appliquerait-il, en effet, qu'au secteur social ? Pour lui garder toute sa valeur, il faudrait en effet l'appliquer **à l'ensemble des logements en France : privé ou public, social ou non, en locatif comme en accession** et l'administrateur de ce concept, ce sont logiquement les collectivités territoriales puisqu'elles ont la maîtrise globale de l'urbanisme, comprenant des logements de types différents.

D'autre part, vouloir à tout prix, à travers des mécanismes complexes et plus ou moins inapplicables ou inappliqués, en faire

une mission régalienne à l'heure où l'état démissionne plus ou moins sous prétexte de libéralisme ou, si l'on préfère, d'Europe ou de mondialisation, c'est être incohérent et inefficace, sans pour autant remplir **la vraie mission : loger correctement tout citoyen acceptant le pacte social, quels que soient ses revenus**.
Selon nous, la « mixité sociale » doit être un concept d'urbanisme, non une régulation sur des critères de revenu à l'instant T de la population de l'habitat collectif aidé. Certes il y a, après des décennies de pensée unique dans notre domaine, loin de la coupe aux lèvres. Néanmoins ce principe doit être, selon nous, fortement affirmé.

- La conception persistante du « tout locatif » a, elle aussi, fait des ravages. Elle tend en effet à séparer, au sein du tissu urbain, le logement social locatif, massif, offrant une qualité de vie moyenne ou faible, du reste des logements, résidentiels, chers et privés.

Si l'on n'y prend garde, ce clivage va devenir de plus en plus important et petit à petit, socialement insupportable surtout quand l'habitat aidé est ancien. Même si une certaine prise de conscience s'est faite depuis quelques années, il faut du temps, des moyens et surtout une volonté politique jusqu'à présent inexistante pour remettre le système sur rails.

En effet, un marché privé trop étroit où l'on construit trop peu devient cher et de plus en plus inaccessible à ceux dont les revenus, déjà proportionnellement faibles, sont aspirés en pure perte par des loyers qui augmentent nettement ces dernières années (en particulier en 1% ou appartements loués par La Foncière, qui ne trouvent pas toujours immédiatement preneurs (!)).

Or ce qui compte, c'est d'éviter la constitution de ghettos globaux à l'intérieur du tissu urbain en général : le peuplement doit être équilibré et pour que cela puisse être admis par tous il doit être homogène dans sa qualité de vie : sécurité, qualité des logements et de l'environnement, desserte des transports, équipements publics.

- Pour couronner le tout, le système actuel, résultat de la sédimentation progressive d'innombrables règlements que seul

maîtrise plus ou moins le puissant lobby de l'Union des HLM, joue sur les mots, et particulièrement sur l'usage du mot « social » qui a bien sûr de nombreuses acceptions.
Ainsi, dans son acception caritative, une action « sociale » consiste dans l'absolu à porter secours à toute personne en détresse sociale, sans se préoccuper de justice distributive.
Dans le mot « logement social », il en va autrement. Il s'agit de remédier aux lois du marché qui, si on leur donnait tout à fait libre cours, empêcheraient certains citoyens d'habiter là où sont leurs attaches, ou d'être logés, tout simplement.

La **notion de taux d'effort net**, pourtant essentielle dans cette perspective, semble d'ailleurs absente alors qu'elle est essentielle dans le contrat social qui doit unir le demandeur de logement et la collectivité qui doit lui tendre la main.
C'est pourquoi d'ailleurs nous préférons, pour éviter toute ambiguïté, parler de logement **aidé.**

- Autre exemple : l'expression « accompagnement social » peut vouloir dire qu'on aide quelqu'un en difficulté à s'assumer au travers des règles de la société française, ou bien, et c'est très différent, qu'on fait en sorte que des personnes qui portent préjudice à leurs voisins du fait d'une difficulté à gérer leurs comportements, soient amenées *volens nolens* à accepter les règles générales de civilité. Dans un cas, il s'agit d'une aide à l'insertion, dans l'autre d'un rappel à l'ordre à des gens qui ne veulent pas accepter le contrat.

- Le vocable « Familles en difficulté », quant à lui, peut vouloir dire qu'il s'agit de personnes connaissant des difficultés objectives dont elles ne sont pas responsables : chômage collectif, accidents, maladies graves ou handicaps etc.

Mais parfois il va, tout simplement, couvrir pudiquement les agissements de quelques gens peu recommandables, alcooliques invétérés, violents ou trafiquants divers, sachant à merveille exploiter les incohérences, les faiblesses du système social ou la tolérance raisonnée d'une justice des mineurs surchargée.

Et si l'image du logement « **social** » s'est tant dégradée dans l'esprit du public et de certains élus, c'est justement parce qu'on pratique actuellement en France ce joyeux mélange des genres en jouant sur les mots et qu'on en vient tout doucement à attribuer à certains partenaires des responsabilités qui ne sont pas les leurs. **Aux effets pervers de la technique du logement aidé s'ajoutent donc ceux de sa philosophie.**

Ainsi, sur la base d'un système de quotas et de « contingents préfecture » censés diminuer le nombre des mal-logés, c'est au locataire du logement social, et à lui seul, qu'on finit par demander de contribuer pendant des années à « l'intégration sociale » de voisins difficiles voire insupportables alors qu'il serait en droit, en échange de son loyer, de jouir paisiblement de son logement. Et ce d'autant plus qu'il peut, davantage que des citoyens plus favorisés, être par ailleurs « en galère » sur d'autres sujets comme l'emploi ou les transports. Mais il n'a pas le choix, sauf à déménager, lui, pour avoir la paix. Alors, il supporte et parfois, il est obligé, du fait des menaces, de devenir complice objectif !

Il ne faut donc pas s'étonner, dans ces conditions, de l'évolution de son attitude citoyenne face au monde politique ou à certains problèmes de société. **Pourtant, ce n'est pas à lui de reprendre les choses en main mais aux opérateurs globaux du système, à condition qu'ils ne soient pas de purs gestionnaires d'un ensemble juridique et financier cloisonné, isolé du contexte général de la ville et où seules des règles patrimoniales, largement déconnectées d'un tissu urbain dont ils sont souvent un élément majeur voire dominant, s'appliquent.** Au premier rang de ces opérateurs, il y aurait les maires bien sûr, à condition de leur donner les moyens d'une telle politique, en contrepartie de contrôles adaptés.

UN SCÉNARIO QUI SE DÉGRADE

Risquons une petite analyse sur les origines de cette situation. L'impasse de plus en plus évidente dans laquelle se trouve le logement social est probablement due au fait que le mouvement du logement social français, qui trouve ses racines profondes dans une vision patronale chrétienne en face du problème du logement ouvrier, s'est développé, spécialisé, organisé et a couvert l'ensemble du territoire et non plus seulement les zones industrielles.

Au fil des années, il a progressivement imposé à l'État, empêtré dans la vaine prétention de tout prescrire dans une économie libérale dont il se faisait lui-même le chantre jusqu'à l'arrivée de la crise financière, sa propre culture et ses propres mots. On en arrive en quelque sorte, à la gestion sur le mode soviétique d'un système conçu par le patronat chrétien ! Cela explique d'ailleurs assez bien sa pérennité, par l'alliance objective de deux grandes familles de pensée très présentes dans la politique française.

Les parlementaires qui en sont issus refusent de changer quoi que ce soit d'essentiel, non pas forcément par clientélisme ou sujétion au lobby professionnel mais tout simplement par conformisme intellectuel, négatif dans ce cas, positif dans celui de la loi DALO par exemple. **Le caractère dramatique de la réalité du problème du logement devrait pourtant les interroger et les ébranler leurs commodes certitudes.**

L'État, lui, bien informé des réalités par le réseau préfectoral, sent bien qu'il y a problème. Il réagit en édictant sans cesse de nouveaux textes, dont la sédimentation progressive rend le système de plus en plus ingouvernable (ainsi la « réforme » du SLS cf. supra empêtrée dans les exceptions à une règle soi-disant générale).
Les ministres de tous bords se succèdent de plus en plus vite sans résultats vraiment crédibles, à part de temps en temps quelques idées se traduisant par des « promotions » en feu de paille comme par exemple la loi Besson.

L'un et l'autre, **le secteur HLM** comme **l'État**, au mépris complet de l'évolution vers la décentralisation, communient dans une forme de suspicion vis-à-vis du troisième partenaire, incontournable pourtant, du logement social, **les collectivités locales**. Il leur est fait le procès permanent d'être le rendez-vous de l'égoïsme, du campanilisme, de l'arbitraire potentiel, de l'électoralisme voire de la prévarication ou du racisme anti-social... alors que les élus locaux ne sont certes pas parfaits mais sont globalement fidèles à leur mission essentielle : défendre la qualité de vie de leurs concitoyens. En tous cas ils sont, eux, sur le terrain.

Et ce sont ces élus qui gèrent au quotidien l'insatisfaction générale, due principalement à la multitude de candidatures imparfaitement triées selon leur degré de véritable urgence sociale et au gel du parc locatif engendré par un taux de rotation très bas.

Au lieu de se compléter harmonieusement en clarifiant leurs interventions respectives, les trois acteurs du logement aidé (État, collectivités territoriales, mouvement HLM) se sont polarisés sur un créneau unique et typé : le logement locatif administré, dont on a fait un système complexe et bureaucratique qui ne répond pas aux besoins quantitatifs en zone de tension, échappe largement à un urbanisme qualitatif et coûte cher au contribuable et aux entreprises sans que le retour sur investissement soit proportionné aux efforts consentis.

Mais surtout, il n'y a plus, et depuis longtemps, de pilote dans l'avion car les intérêts des différents acteurs institutionnels sont devenus contradictoires et se résument à un ensemble de craintes et de faux-semblants : lassitude des collectivités locales qui ont la responsabilité de la sécurité dans les grands ensembles HLM sans en avoir les moyens ni l'autorité de l'assurer ; désir légitime de la part de l'État d'avoir au moins l'air d'avoir une politique du logement ; inquiétudes du mouvement HLM, craignant de ne pouvoir résoudre des équations financières mal posées ou, à plus long terme, les problèmes juridiques générés au niveau européen par l'intervention étatique, mal vue à Bruxelles, dans le montage financier ou capitalistique du logement aidé en France.

LE 1% : UN COUSIN D'AMÉRIQUE

Après ce rapide tour d'horizon du logement social, **il convient de se souvenir que le secteur social proprement dit (PLUS,**

PLAI) n'est pas le seul à exister et à poser problème : il y a aussi le logement intermédiaire (PLI, « 1% » patronal, PLS, patrimoine de La Foncière) ou spécialisé (résidences pour personnes âgées ou handicapées) et le marché libre (habitations principales ou secondaires).
Notre propos n'est pas ici d'étudier dans le détail ce qui se passe sur ces marchés car c'est le travail de spécialistes ou des agences d'information (souvent excellentes, d'ailleurs) mais de faire quelques remarques issues de la pratique locale.

Ici aussi, on ne peut que constater le besoin de réformes fondamentales.
Le fameux « 1% » répondait à une idée simple, en elle-même tout à fait positive : assurer la contribution des entreprises au logement de leurs salariés en prélevant une taxe dont le produit, relayé par des organismes financiers *ad hoc*, les CIL, servirait à financer la construction de logements, généralement assurée par des Offices ou SA d'HLM.
Pour simplifier, l'accumulation de la contribution financière annuelle de l'entreprise déclenche au bout d'un certain temps l'apparition d'un droit au logement (qui correspond à un montant de l'ordre de 40 000 euros) dans le chef de l'entreprise : celle-ci peut alors présenter à l'organisme constructeur un candidat pour le logement qu'elle a « réservé » en échange de sa contribution.

Ce concept, intelligent et socialement cohérent, a sur le papier de nombreux avantages, entre autres ceux de rapprocher le logement du salarié de son lieu de travail et d'alléger le financement demandé au travailleur ou à l'État.

Dans la pratique, il s'est transformé, sous l'effet d'une mécanique dont nous avons déjà rencontré les effets pervers, en un système globalement inefficace et parfois détourné.
Cette inefficacité a justifié que l'État (au travers du Ministère des Finances) jette le bébé avec l'eau du bain en confisquant progressivement l'essentiel de l'effort financier des entreprises.

En effet, à l'origine du système, il n'y avait pas de problème. Le milieu patronal local, présent à la fois dans les grandes entreprises employant de nombreux salariés et dans les organismes financiers, gérait globalement. D'une part l'offre financière (CIL et Caisses d'Épargne ou banques pour les prêts complémentaires) d'autre part la construction (SA d'HLM), enfin la demande (grandes entreprises contributrices et demandeuses pour leur personnel) dans un espace géographiquement concentré.

Le consommateur (patron constructeur et logeur) était donc, si l'on ose dire, proche du producteur (patron contributeur). Ce dernier point est important, car il ne faut pas oublier que la partie administrative de chaque opération se traite en règle générale au centre administratif des grandes entreprises (Directions financières, DRH ou dans certains cas, Comités d'Entreprise) alors que les salariés candidats peuvent très bien se trouver à l'autre bout de la France et à l'autre bout, aussi, d'une chaîne hiérarchique lourde et pas forcément motivée en premier lieu par le bien-être des employés du groupe. C'est en particulier le cas chez les entreprises succursalistes qui emploient une partie non négligeable de la population demandeuse.

Par contre, l'offre près du lieu de travail des candidats, compte tenu du grand nombre de CIL et d'organismes constructeurs et de leur régionalisation, n'est généralement pas assurée par les mêmes organismes que ceux qui sont collecteurs nets de fonds.
Pour tenter de pallier cette difficulté, une forme de péréquation informelle, un « marché gris du 1% » en quelque sorte, s'est certes mise en place, mais cela ne résout pas vraiment le problème.

Par ailleurs l'opacité des actions et des attributions, inhérente à tout système cogéré en solo par le patronat et les syndicats, est évidente et donne d'ailleurs périodiquement lieu à des scandales relayés par la presse et assez rapidement étouffés. Les services de Bercy, heureux d'avoir trouvé là une manne qui leur permet de corriger bien des inconséquences financières des gouvernements successifs, sont objectivement complices car ils ont trouvé là un mouton qu'ils savent tondre de la bonne façon.

Et comme il s'agit là théoriquement d'argent privé même s'il est public par destination, les contrôles sont faibles ou inexistants. Tout va bien...

On constatera ici, en passant, que bien des disfonctionnements semblent être imputables à la prédilection du système français pour les aides à la pierre, dont la gestion est, par nature, très éloignée de la situation particulière du bénéficiaire final.

...AUSSI INJUSTE QUE L'AUTRE

En effet, le demandeur de logement 1% (ou La Foncière) se trouve généralement confronté, faute de transparence et de publicité du dispositif en interne comme en externe à l'entreprise, à un véritable marathon administratif, surtout s'il est employé par une grande entreprise. Le chemin aller-retour qui mène le dossier de l'hôtesse de caisse de l'hyper au chantier HLM dans un rayon de 50 Km en passant par le 4ème sous - bureau de la DRH du groupe, celui de l'employé du CIL quelque part dans le Nord et l'administration du bailleur social à Paris après péréquation des droits est en effet interminable et l'ensablement du dossier quasi certain.

Si par contre le demandeur travaille dans une PME ou chez un indépendant, il n'a quasiment aucune chance de bénéficier du système, car l'entreprise ne peut accumuler suffisamment de droits pour l'en faire bénéficier, ce qui est profondément injuste car le monde des PME comme celui des artisans, professions libérales ou entreprises individuelles, emploie énormément de monde. Il est, de plus, un transformateur social puissant.

Pourtant les PME/PMI paient, car la taxe est générale. Dans ce domaine comme dans d'autres, loin d'aider les PME/PMI conformément au discours officiel, on les défavorise et même on les rançonne. Accessoirement, le citoyen local ne peut comprendre que le maire laisse s'élever des logements qualifiés de sociaux sur l'affichage du permis, tout en devant avouer la vérité, à savoir qu'il n'y dispose d'aucun droit d'attribution !

Ainsi, ce n'est pas seulement le candidat au logement qui est victime d'une injustice grave, mais la collectivité nationale elle-même car le tissu des PME est vital pour le pays, surtout en temps de crise et il est très néfaste que l'emploi y soit ainsi pénalisé.

Au final, l'État collecte un impôt supplémentaire injustifié et l'on peut même voir parfois des logements 1% (locatifs) inoccupés compte tenu des loyers élevés.
Au lieu d'avoir système bien rodé, qui allègerait considérablement la charge du logement social et valoriserait l'image de l'entreprise, on a développé une gabegie considérable puis, selon une habitude bien française qui consiste à s'en prendre plus volontiers aux textes qu'à leur application, on cherche à réduire progressivement l'étendue du dispositif. De plus, suivant une méthode éprouvée, on est arrivé à détourner une taxe dédiée au profit de la caisse centrale. A l'arrivée, l'État pris globalement gagne à l'affaire mais le contribuable mal ou non logé, lui, y perd !

LES HLM « DE LUXE », UNE INVENTION BIEN UTILE...

Disons encore un mot du PLI, une autre belle invention mise à mal par le manque de réflexion méthodique. A la base il s'agissait, pour simplifier, d'une idée assez simple : dans des zones fortement urbanisées comme la région parisienne, le prix du marché libre, déjà très élevé, continue à grimper pour différentes raisons objectives. On pouvait donc admettre que l'État aide les bailleurs sociaux à construire des logements locatifs plus chers (donc sur la base d'un plafond de revenus plus élevé) que les appartements HLM de type lambda (lambda remplaçant ici le sigle en vigueur pour la qualité moyenne) mais d'une qualité améliorée et surtout dans un « environnement plus valorisant » comme les groupes HLM l'expriment pudiquement.

Evidemment, l'État favorisait moins la construction de bonne qualité dans un environnement plus favorable et surtout, sur une base forfaitaire. Il en résultait que la construction de type PLI était très intéressante pour les cadres moyens ou fonctionnaires d'encadrement, par exemple à Paris, intéressante en Petite Couronne, peu intéressante en grande banlieue compte tenu de la différence des niveaux de la charge foncière entre ces différentes zones concentriques.

Nous écrivons « était », car bien sûr ce type de construction, qui correspondait à un réel besoin, d'authentique mixité et de mobilité sociales celui-là, a été retiré sans crier gare du dispositif, ce qui fait que les communes qui avaient suscité des programmes de ce genre (la réalisation d'un programme depuis sa conception prend environ 5 ans) se voient aujourd'hui privées du décompte des logements correspondants au titre de la loi SRU.

Mais, au point où l'on en est, ce n'est qu'un détail…et l'on voit d'ailleurs réapparaître, au travers des logements type PLS ou construits par La Foncière, des produits répondant aux mêmes besoins mais le cadre d'une philosophie beaucoup plus discutable.
Il s'agit en effet de « blocs » de logements achetés par le bailleur « social » dans des ensembles construits par des promoteurs sur l'air de « Monsieur le Maire, avec nous vous faites encore mieux que la loi SRU ! »

On pourrait s'en féliciter, si les conditions d'acquisition et d'attribution de ces logements, financées par l'effort des entreprises en faveur du logement aidé, n'étaient particulièrement discrètes (cf. *supra*), alors que l'origine des fonds justifierait une parfaite transparence.

Par ailleurs ce système, s'il peut favoriser à court terme une certaine mixité d'habitat, tend à favoriser une fois de plus les « classes moyennes » aux dépens des demandeurs les moins favorisés et il permet aussi aux communes souhaitant finalement satisfaire aux exigences de la loi SRU de le faire sans introduire de logements réellement sociaux sur leur territoire. Nombreux sont dès lors les maires de tous bords qui

se laissent séduire par ce schéma, qui laisse bien sûr complètement de côté les demandeurs prioritaires.
Cela pourrait s'appeler, pour paraphraser une célèbre fable, payer l'odeur du rôt avec le son des écus.

RÉSUMONS LES POINTS NOIRS

A ce stade, nous pouvons risquer une synthèse des défauts graves de la situation actuelle, préludant à un indispensable et urgent effort de reconstruction intellectuelle.

- Une approche trop marquée par une vision purement financière et juridique du fait en particulier qu'**il privilégie systématiquement l'aide à la pierre**, technocratique par nature et non la finalité globale du système. Un révélateur amusant en est que les types de logement aidé ne sont désignés que par le type (variable) de financement au bénéfice du bailleur utilisé pour les construire (PLUS, PLI, PLS etc.).

- **Le mode d'attribution des logements présente un potentiel de dérive important** : bien des bailleurs, ne pouvant se satisfaire d'un système de garantie de loyers non honoré par l'État, ont entrepris de sécuriser eux-mêmes leur risque locatif en faisant de la solvabilité estimée un critère majeur dans les commissions d'attribution qu'ils dominent quelquefois (Offices).

- **Une législation et une réglementation surabondantes, souvent hâtives ou incohérentes**, privilégiant les effets d'annonce et le désir de bien faire par rapport aux réalités qu'elles sont censées gouverner. La loi DALO en est un exemple typique mais il en est bien d'autres. Ainsi, supprimer des capacités hôtelières sans avoir prévu de supplément d'accueil, multiplier des critères différents pour des financements croisés sur le même dossier, instaurer des surloyers sans but précis ni surveillance efficace etc.

- Le système est toujours marqué par **une méfiance fondamentaliste vis-à-vis des pouvoirs locaux et la tentation permanente du retour aux attributions dictées par l'État** sous forme de contingents imposés, alors que le rôle des collectivités se développe sans cesse. Dans les faits, la politique d'attribution des logements des organismes HLM joue un grand rôle et pour le 1%, la non transparence est de rigueur à tous les étages au motif qu'il s'agirait d'une chasse gardée paritaire. Circulez, élus locaux, il n'y a rien à voir !

- **Une faible osmose entre les différents segments du marché du logement :** logement aidé, secteur libre, accession sociale, échange ou revente de logements. Elle se traduit nécessairement par la prolifération des "solutions" bricolées ou sauvages officiellement ignorées (hébergement et colocation sauvage, droit au logement « héréditaire », échanges sur internet) et par une tension sociale croissante même si elle reste encore latente.

- **Tout se passe en amont, rien en aval.** L'attribution se fait une fois pour toutes sur des critères parfois discutables mais non révisables, le surloyer étant un leurre dont ses défenseurs eux-mêmes sont incapables de dire s'il sert à faire rester ou à faire partir les locataires dont les revenus ne justifient plus leur présence dans le système administré. La loi garantit en effet le droit au maintien dans les lieux, sans aucune considération de l'évolution substantielle des revenus des locataires ni de la nécessité de répartir justement une ressource rare.

- **Le respect du « contrat social » passé avec le locataire bénéficiaire d'un logement aidé est sans rapport réel avec son maintien dans les lieux.** A contrario, sa perte de solvabilité peut entraîner son éviction. En d'autres termes, on n'est obligé de quitter un logement social que pour des raisons financières, jamais pour avoir détérioré la vie d'un quartier.

- **Le niveau des plafonds est fixé de façon irréaliste :** largement plus de 50% de la population française est aujourd'hui en droit d'exiger un logement aidé. Résultat : face à un public beaucoup trop vaste, la tentation est grande pour les opérateurs de ne retenir que les plus solvables et non les plus touchés par la misère du logement.

- **Un mode d'inspection inadapté :** l'inspection du secteur - qui ne touche pratiquement pas l'administration du 1%, réputée privée alors qu'il s'agit en fait d'argent dévolu à une mission nationale - se fait sur des critères essentiellement financiers et *a posteriori* quant aux statistiques, elles sont déclaratives.

• Sous prétexte des risques qu'amènerait une véritable **accession** sociale concernant des logements neufs, **le système parvient à étouffer dans l'œuf toute évolution sérieuse et vaste dans ce sens** pour en revenir invariablement au collectif - locatif avec des constructeurs-bailleurs. La concentration et la privatisation rampante de ceux-ci ne peut évidemment qu'accélérer cette dérive.

• **La prise en compte des situations très différentes** (tension du marché, prix du foncier, opportunités d'urbanisme, densification existante, problèmes de transport etc.) **d'une région à l'autre ne peut se faire,** le système étant d'inspiration très jacobine et ne voulant mettre en place que des mesures applicables partout, avec les même partenaires alors que la situation varie énormément d'une région à l'autre.

• Il existe **un déséquilibre territorial considérable**. Le logement aidé constitue 22% des résidences principales en France, un petit quart en Ile-de-France. Mais la proportion varie de quelques % à 60 voire 70% dans certaines communes, et l'action de l'ANRU ne s'inscrit pas suffisamment dans la lutte contre une spécialisation des territoires contraire à la mixité sociale et de l'habitat.

• Enfin, **la croyance fondamentaliste aux trois principes que sont le statut de constructeur bailleur, la satisfaction prioritaire des besoins de « classes moyennes » mal définies et le droit au maintien dans les lieux rend toute évolution extrêmement difficile** alors que de nombreux indices sont au rouge : réapparition des squats et des bidonvilles, misère sociale étendue à de nouvelles catégories de sans logis, allongement des listes de demandeurs et généralisation de l'hébergement, théoriquement interdit en HLM.

LES FONDEMENTS D'UNE RÉFORME

On pourrait multiplier les exemples de ce type. Mais notre propos n'est pas d'être critique pour le plaisir. Il est de tenter d'**analyser aussi objectivement que possible les raisons de la non-réponse aux besoins sociaux** qui s'expriment et de la création de troubles à l'ordre social qui sont les principales difficultés auxquelles se heurte le logement social aujourd'hui.

Pour résumer on dira qu'il est devenu, nous semble-t-il, indispensable de revoir fondamentalement les principes du logement aidé, de rétablir une liaison entre le marché libre et celui du logement social, de bien distinguer les fonctions sociales, de rendre à chacun ses responsabilités et son dû quant à l'administration de ce qu'on pourrait appeler la fonction nationale « Logement » des Français.

Bref, il s'agit s'opérer un **Recentrage**. Comment y parvenir ?

Puisque nous constatons que dans la situation actuelle ni les principes, ni leur application ne répondent bien aux buts poursuivis, il semble nécessaire de revoir les uns et les autres, de rétablir quelques bases simples et de se proposer ensuite de mettre en place le cadre et les moyens de l'action.

Ce seront le jeu du marché, l'urbanisme, les moyens techniques (architecture, normes, communication, transports urbains) les financements nécessaires et les mécanismes spécifiques à certaines catégories particulières de logement (jeunes travailleurs et étudiants, personnes âgées).

La réflexion doit donc nous semble-t-il repartir des besoins fondamentaux des citoyens, dans l'esprit de chercher à bien les satisfaire.

QUALIFIER LA DEMANDE

Y a-t-il une réelle nécessité d'accroître le parc social ? Quelque peu provocante, cette question a cependant un sens : si les plafonds étaient moins élevés, on n'assisterait pas en Ile-de-France, par exemple, au développement d'une situation paradoxale.

Pendant que des centaines de milliers de demandeurs s'épuisent à payer des loyers beaucoup trop élevés pour leurs moyens et n'arrivent pas à boucler le mois, des ménages bénéficient en toute légalité pendant des années, par rapport au marché locatif, d'une confortable rente de situation.
Et cette rente, variable suivant les lieux, est d'autant plus importante que les prix du marché libre y sont élevés, donc principalement à Paris et en Petite Couronne. Il n'est pas exceptionnel qu'elle serve finalement à financer l'acquisition d'autres biens immobiliers, ce qui démontre d'ailleurs l'inanité de la théorie du tout-locatif.

L'offre de logement (voir ci-après) qualitativement congruente n'ayant que peu de chances d'évoluer significativement à court ou même moyen terme,
Il devient dès lors inévitable de s'orienter vers le principe de la gestion équitable du stock d'une denrée rare et non pas de faire reposer exclusivement les règles du jeu sur l'hypothèse trompeuse de la possibilité réelle de satisfaire par la seule production de logements, sur un espace de plus en plus réduit, un besoin essentiel et constamment croissant.

En effet, même si toutes les villes qui pour de bonnes ou de mauvaises raisons n'atteignent pas le quota de 20% prévu par la loi SRU se mettaient à construire dare-dare le type de logement majoritairement requis (du PLA+, en principe), la production ainsi initiée n'aurait mathématiquement aucune chance de résoudre le problème compte tenu du développement de la demande.
Il suffit, même dans cette hypothèse très optimiste, d'observer les disponibilités techniques et les moyens de construction disponibles à une distance raisonnable des lieux de travail, pour s'en convaincre.

PROPRIÉTAIRE, POURQUOI PAS ?

***A priori* il ne devrait pas exister deux classes de citoyens : les riches, qui achètent, et les pauvres, qui louent.** Donc, tout le

monde ou presque devrait pouvoir, en principe, acheter un bien proportionné à ses possibilités.
C'est louer qui doit être une option, destinée à tous ceux qui, pour des raisons de choix personnel, souhaitent l'exercer.

Et ce choix peut avoir pour cause une mobilité professionnelle ou délibérée par goût de liberté, des incertitudes sur un choix de résidence définitive, le statut d'immigration temporaire que favorise la mondialisation, ou toute autre cause.

Ce premier principe est fondamental et peut se décliner sous les formes les plus diverses : multipropriété, propriété coopérative voire propriété par période de vie. Pour les personnes âgées, par exemple, on pourrait envisager que les personnes souhaitant se garantir un toit pour le dernier quart de leur existence, l'achètent à un fonds national, à un groupe de logement social ou à une fondation spécialisée, qui le récupérerait par voie de legs ou de clause réservataire dans la vente, au décès du propriétaire résident.

C'est en effet un adjuvant puissant au bonheur que d'éliminer une crainte fondamentale, celle de se retrouver abandonné, sans moyens, dans un environnement d'égoïsme personnel et collectif parfois encouragé, hélas, par nos dirigeants. Et cette crainte ne peut que se trouver alimentée par le vieillissement de la population et l'apparition d'un phénomène nouveau : deux générations âgées dans la même famille. **Pourquoi établir en dogme le principe de pouvoir accéder à la propriété ? De nombreuses et solides raisons militent dans ce sens.**

La propriété est un principe fondateur de la responsabilité de gestion, et il est clair que si l'on est propriétaire de son bien, la tendance à l'améliorer, à l'entretenir convenablement, à utiliser les revenus disponibles pour y investir en biens durables et de qualité, s'en trouve confortée.
Un taux plus élevé de propriété (actuellement, seulement 57% des Français sont propriétaires de leur logement) est le seul moyen d'établir un marché unique et harmonieux du logement. Il s'agit de favoriser ce qu'on pourrait appeler la tectonique de ce marché.

Idéalement on commence par louer un logement social, « dopé » par la collectivité au travers de différents soutiens financiers, pour pouvoir faire des économies qu'on peut ultérieurement transformer en apport personnel sur un premier logement qui sera arbitré contre un habitat de niveau supérieur.

Alternativement, le jeune ménage, s'il est puissamment aidé par sa famille et la collectivité, pourra acheter un premier logement, compact mais juste suffisant et rejoindre ultérieurement le cycle grâce à la plus-value dégagée par le premier investissement. Ce cycle est absolument essentiel et constitue une motivation sociale et économique indispensable.

Dans le même ordre d'idées, **la propriété personnelle se révèle être un puissant facteur d'intégration.** Pour les populations immigrées, comme l'expérience des récentes décennies le prouve abondamment, l'obligation pratique de louer pour pouvoir se loger a nourri un espoir de retour au pays, qui s'est généralement avéré être un miroir aux alouettes. Des générations de Maghrébins voire d'Européens du Sud se sont saignées aux quatre veines en vivant toute leur carrière professionnelle dans des logements trop inconfortables et trop petits. Ayant voulu conserver leur nationalité d'origine en vue du retour, ils ont souffert de statuts discriminatoires et d'injustices diverses et, pour certains d'entre eux, ont cherché à « optimiser » les ressources offertes par le système social français, assez généreux et il faut s'en féliciter.

Aujourd'hui, ils se retrouvent toujours avec un passeport étranger, vieillissant dans un HLM avec une petite retraite, ayant acquis grâce à une vie d'économies une maison cossue mais devenue inutile au pays natal où ils sont devenus des étrangers. Souvent ils seront en butte à l'incompréhension de leurs enfants nés en France et qui réclament naturellement leur droit à décohabiter, c'est-à-dire à occuper de nouveaux logements sociaux puisque la génération d'origine est toujours titulaire du logement familial, comme c'est son droit.

Facteur d'équilibre et de motivation sociale, **la propriété du logement est aussi créatrice d'emploi et de développement économique.**
Elle permet de faire vivre davantage d'entreprises de construction et de stimuler la concurrence dans le secteur du bâtiment, qui est un fort créateur d'emploi ainsi que la production de biens durables, généralement fabriqués en France ou dans l'Union. Fiscalement, stimuler le secteur du bâtiment est extrêmement intéressant.

L'État ne pourrait que voir ses finances renforcées par une stimulation donnée à l'acquisition de logements alors que, pour de nombreuses raisons dont la nécessité de tenir en lisière la valeur locative, l'existence d'un secteur locatif HLM trop important stérilise le développement des rentrées fiscales tout en prélevant des ressources sans doute trop faibles eu égard à l'objectif recherché mais dans l'absolu très importantes…et souvent mal utilisées. A l'arrivée, on se retrouve devant des impasses financières et les problèmes persistent, voire se développent.
Le « tout locatif » encourage par exemple de façon naturelle l'acquisition d'automobiles, destinée à échapper à l'univers HLM ou à le compenser socialement et n'encourage pas à investir dans la qualité de l'environnement.

Financièrement, l'accession à la propriété apporte aussi de nombreux avantages, en particulier celui de **sécuriser le patrimoine des citoyens les plus modestes.** Ici aussi, la société actuelle génère des aberrations sociales auxquelles on ne réfléchit pas suffisamment. Face à son partenaire financier, généralement une banque, le Français « d'en bas » ne peut choisir de protéger son argent en l'investissant dans son propre toit. Il est pratiquement contraint de l'investir directement ou indirectement (via les OPCVM[1] proposés comme placements « sûrs » par son banquier ou à travers ses organismes de pension complémentaire, investisseurs institutionnels qui ne lui demandent évidemment pas son avis)… en Bourse, avec tous les risques que cela représente en général et dans le contexte actuel en particulier.

1 OPCVM = (Organismes de Placement Collectif en Valeurs Mobilières): ils réunissent les Sicav et les FCP dont l'activité commune est la gestion d'un portefeuille de titres.

Il y a là une injustice sociale scandaleuse qui oblige le « pauvre » à prendre des risques auxquels le « riche », lui, n'est exposé que s'il le souhaite. Pour lui en effet, ce type d'investissement rentre dans le cadre d'une diversification de son patrimoine mais n'en constitue pas nécessairement l'essentiel. En d'autres termes, l'analyse du patrimoine moyen d'une famille française fera nécessairement apparaître que **le risque financier auquel elle est exposée est inversement proportionnel au capital accumulé.**

A terme, et en cas de krach financier mondial[2], point n'est besoin d'insister sur le caractère explosif d'une telle situation ! Evidemment, on peut toujours partir du principe que les catastrophes financières sont impossibles ou que, dans le cadre du libéralisme ou de la social-démocratie européenne, c'est un état de fait auquel on ne peut rien…et qu'il faut en prendre son parti, qu'il y aura toujours des pauvres et des riches etc.

…MAIS SOUS CERTAINES CONDITIONS

Pour autant, **il ne s'agit ici nullement de poser le placement immobilier constitué par la propriété de son propre logement en substitut du régime de retraite par répartition qui reste un pilier de la solidité sociale en France.** Ce qui se passe à travers la crise ne peut au contraire qu'encourager à voir dans la retraite par répartition le premier rempart contre la perte de revenu et donc de liberté économique, des Français les plus modestes.

La vogue des fonds de pension a été un encouragement peu responsable à la spoliation potentielle du fruit d'années de travail au détriment de gens qui ne peuvent se défendre. Pour autant, elle n'apporte ni aux petits investisseurs ou aux entreprises de valeur ajoutée justifiant de développer ce système.

Face à cette douteuse et injuste évolution dont des évènements récents ont mis en évidence la fragilité de fond, **la propriété du logement est, tout simplement un allié utile du régime par répartition** dans le combat qui, pourrait-on dire, permet à chaque

2 Ces lignes ont été écrites avant la crise de 2009 !...

citoyen d'assurer la sécurité de ses vieux jours et la transmissibilité d'un patrimoine à ses ayants-droits, donc le renforcement du lien social.
C'est d'ailleurs tellement vrai que la tendance même des locataires et des ESH à stabiliser l'occupation du logement locatif pour le transformer en quasi-propriété, se révèle un indicateur de cette tendance très forte.

Loin de nous de faire d'une propriété généralisée du logement individuel une panacée et de penser que dans la pratique toutes et tous peuvent ou même doivent être propriétaires. Mais sur un plan purement pratique et dans le contexte international, elle mérite cependant d'être posée en principe de base, même si le locatif a encore de beaux jours devant lui.

Elle contribue aussi à rendre possible l'évolution vers un autre modèle de développement, fondé sur autre chose que la consommation galopante de biens dont l'utilité réelle est discutable et la production massive parfois dévastatrice au plan écologique, alors que les besoins essentiels de tous sont loin d'être satisfaits. Elle serait cohérente avec une diminution de la part des droits de mutation dans les ressources des collectivités territoriales. Même d'un point de vue purement économique en effet, il y a probablement beaucoup plus à gagner en encourageant la construction et l'aménagement du logement (avec des produits et des services principalement générés localement) au travers de l'accession à la propriété, qu'en supprimant une taxe relativement indolore ou tout au moins peu discriminante comme la taxe professionnelle toujours présente en fait mais sous un autre nom, sans lui trouver de substitut fiscal évident. Réformer ne doit pas être seulement un tropisme, il faut aussi que cela ait un sens.

Faut- il que l'accession à la propriété s'opère par le biais de la cession du patrimoine locatif, comme certains gouvernements croient bon de le prôner voire de l'encourager ?
Nous ne le croyons pas, pour des raisons tant psychologiques que pratiques. Le patrimoine en accession doit en effet être fléché à cette fin afin de garantir les meilleures conditions de gestion et

d'aliénation libre du bien. D'autre part, il n'y a déjà pas assez de patrimoine locatif et il est donc préjudiciable d'en soustraire encore au patrimoine existant.
Enfin, de délicats problèmes de réglage de la plus-value restent à résoudre dans le cas de cession d'appartements en location.

PARTAGER L'EFFORT

Le deuxième principe que nous voudrions poser **est celui du partage de l'effort en capital**. Investir fortement dans un bien durable de qualité est, on l'a vu, une manière pour le citoyen de protéger son capital, de se stabiliser et de s'intégrer dans son milieu d'accueil sans pour autant se condamner à y rester définitivement s'il y existe un marché du logement suffisamment vaste.

Cette dernière condition forme une nouvelle raison de combattre la conception selon laquelle favoriser l'accession sociale reviendrait à aider les organismes HLM à revendre aux locataires le logement qu'ils occupent. Il est évident en effet qu'un appartement intégré à une structure HLM ne présente pas le caractère de fongibilité indispensable dans un marché structuré du logement et que sa vente ou plutôt sa tentative de vente au locataire ne saurait, dans la plupart des cas, que pérenniser un tissu urbain existant de qualité médiocre.

Il est clair en effet qu'en voulant accéder à la propriété, le citoyen souhaite acquérir un bien de marché, c'est-à-dire avec un choix possible entre plusieurs opportunités et une stratégie d'acquisition, non en fonction d'une seule occasion qui lui est offerte ou dictée par son bailleur du moment.

Il souhaite d'autre part, et c'est une deuxième caractéristique essentielle d'un bien de marché, pouvoir éventuellement revendre plus tard ce bien dans les meilleures conditions possibles. Ce n'est que dans ces conditions qu'il sera prêt à apporter un capital destiné à l'acquisition d'un logement.

Notons à ce propos qu'avoir fait des droits de mutation et des frais y associés un gagne-pain des collectivités territoriales est peut-être juridiquement ou fiscalement justifié, mais alourdit considérablement, tout comme la cascade de frais annexes et d'expertise, la transmission du patrimoine en zone de tension. Comme dans le cas de la liquidation sans transformation des hôtels d'accueil ou de l'autorisation de revente à la découpe de patrimoines locatifs, il s'agit là de mesures à notre avis insuffisamment pensées quant à leurs conséquences économiques à long terme sur des questions prioritaires de la vie en société, dont au premier chef le droit au logement.

Le principe du partage de l'effort en capital doit s'appliquer aussi bien aux entreprises cotisant au 1% qu'aux citoyens pris individuellement. En effet, ici aussi, le mauvais rendement d'un système que l'on n'a pas voulu sérieusement réformer - le 1% - a conduit l'État à tirer des conclusions erronées, jetant en quelque sorte le bébé avec l'eau du bain. Les entreprises seraient pourtant tout à fait prêtes, si on voulait bien leur en donner la possibilité, à coopérer à de nouveaux dispositifs voire à augmenter leur effort si on le défiscalisait.

Elles n'ont en effet aucun intérêt à employer des travailleurs stressés par des heures de transport ou les incertitudes de logement, devenues extrêmement fréquentes en zone urbaine du fait de la progression du taux des divorces. **Elles ont au contraire, conformément à la philosophie d'origine du logement social, intérêt à fidéliser un personnel de qualité, motivé par des avantages essentiels et sécurisé par la stabilité de son logement et de celui de leurs proches.**

De façon plus générale, **partager l'effort en capital est aussi une manière de solidariser le corps social et d'adhérer ensemble à un objectif national** ou, si l'on préfère, européen : faire en sorte qu'il n'y ait plus de bernard-l'hermite sans coquille et que personne ne soit laissé pour compte dans la quête d'une condition essentielle du bien-être, la possession durable d'un toit pour soi et les siens.
Actuellement, seuls les citoyens les plus aisés - quelque 57 % des ménages - et les entreprises les plus solides sont en mesure d'y accéder. Quelle injustice !

Le principe une fois admis, il devient naturellement indispensable de favoriser et non de décourager ou de supprimer tous les dispositifs qui concourent à partager l'investissement dans le logement, que la propriété du logement soit le fait du citoyen pris individuellement ou de la collectivité à laquelle il appartient (association, coopérative, mutuelle, fédération sportive ou autre).

Souhaitable pour des raisons de principe, ce partage est également devenu indispensable, tout simplement pour des raisons de capacité financière. L'État est désormais incapable, on le constate de manière de plus en plus évidente, de fournir au secteur HLM, dans sa forme actuelle, les moyens dont il a besoin pour assumer son double rôle imposé de constructeur et de bailleur.

Or, la ressource en capital n'est pas nécessairement l'apanage de l'État, qui tend d'ailleurs actuellement à se priver des moyens du développement à long terme au profit d'une vision en pur fonctionnement Cette vision - aux antipodes d'une saine vision régalienne de l'État - est antinomique d'un développement durable pourtant très « tendance » actuellement et conduit à brader les « bijoux de nationaux » sans que cela apporte quoi que ce soit au développement durable de notre pays.

Cette ressource existe, aussi bien chez le particulier (à preuve l'investissement immobilier parallèle chez certains locataires du parc social) que dans les entreprises (grugées de la ressource 1%) voire chez des investisseurs professionnels, qu'il soit nationaux ou internationaux, potentiellement intéressés par le placement sans risque significatif que représente le parc social français, spécialisé ou non, dans une conjoncture de taux d'intérêt bas.

Il s'agirait ici de mobiliser cette ressource durable pour se donner les moyens nécessaires aussi bien au développement de la propriété sociale que du parc locatif.
Ainsi, le manque de fonds propres ne saurait plus servir de prétexte au renchérissement des opérations et donc à la limitation de la production ; d'autre part, une production plus importante doit avoir un effet positif sur les prix et en particulier celui du foncier.

C'est donc grâce à un partage de la ressource en capital que les constructeurs HLM pourront s'orienter vers un rôle nouveau, celui de promoteur social. Encore faut-il que l'Union Européenne les y autorise...la nécessaire mise en conformité du statut des ESH avec les règles ultra-libérales de l'Union Européenne ou plus exactement les volontés de la Commission Européenne qui a conservé, malgré tout ce qui se passe, la phobie de l'aide publique, risque de les encourager encore davantage à développer des logiques privées incompatibles avec l'esprit même du logement aidé.
L'"Europe sociale" rêvée par beaucoup a décidément bien du chemin à faire.

DISTINGUER ENTRE LES MÉTIERS

Troisième principe : ne pas associer obligatoirement construction et gestion ou pour être plus clairs, envisager de séparer ces métiers.
L'un des fondements du système HLM actuel est que le maître d'ouvrage qui construit s'occupe également de l'attribution des logements et de leur administration.

Or, cette confusion des genres génère de nombreux inconvénients. Outre le fait qu'en général il est difficile de bien faire plusieurs métiers à la fois, elle a de forts **effets pervers.**

Nous en avons déjà rencontré plusieurs : **lourdes immobilisations** dans la propriété foncière par les organismes HLM, **gestion de plus en plus inspirée par des considérations purement financières, laxisme dans l'application des règles de base** du logement social, **intérêt modéré pour les questions d'environnement**, **immobilisme** en matière d'urbanisme.

Loin de nous cependant l'idée de rendre les organismes HLM seuls responsables d'une situation qu'individuellement ils subissent même si collectivement ils contribuent à la perpétuer.
De fait, il s'agit surtout d'un phénomène d'ossification d'une organisation devenue inadaptée à la société actuelle et que l'on

essaye de faire survivre à coups de contraintes supplémentaires, de règlements non observés et d'obligations non tenues.
L'attribution de logements sociaux est d'autant plus sensible politiquement que le produit devient rare et l'idée même de remettre en cause quoi que ce soit déclenche une peur panique chez la plupart des « politiques », aujourd'hui souvent concentrés sur la communication. S'ils se donnaient le temps de s'intéresser sérieusement au sujet et d'en découvrir la pratique quotidienne, sans doute changeraient-ils, pour beaucoup, d'opinion ou, plus simplement, s'en forgeraient-ils une.

Les réalités, elles, sont bien là et la conséquence principale de la confusion des genres est d'avoir créé, dans certains cas, de véritables administrations, armées par plusieurs milliers de quasi - fonctionnaires à statut. Il est d'ailleurs piquant de constater que, pour certains Offices notamment, les dirigeants en sont des dirigeants politiques qui, sans concevoir semble-t-il l'humour de leur propre situation, se réclament au quotidien du libéralisme le plus ardent.

Inutile de dire que les maires et surtout la clientèle forcée de ces offices se trouvent dans des situations de « dialogue » assez limitées face à de telles machines. Que peut une commune de quelques milliers d'habitants face à des offices d'HLM qui alignent parfois plusieurs dizaines de milliers de logements et qui sont présidés par des potentats de département ?

Le principe même de mêler au sein de la même organisation, lorsqu'il s'agit d'Offices, des politiques dont le rôle est de défendre la population et des intérêts de constructeurs donc principalement financiers est à notre avis erroné.
Cela n'exclut évidemment pas qu'il puisse exister des Offices bien gérés et que, comme à l'époque de la défunte U.R.S.S., on ne puisse pas tenter de bien accommoder localement une mauvaise recette, un bon gouverneur de province pouvant tenir quelque temps en échec les mauvaises décisions de l'administration du Parti…

Pour en revenir au partage des responsabilités rien n'empêcherait de penser, pourtant, que c'est **la gestion locative seule, mais diversifiée** (parc locatif collectif, parc locatif individualisé, parc d'appartements gérés en association avec des propriétaires privés, parcs spécialisés sur certaines besoins de logements) **qui pourrait être un premier métier, exercé par exemple à l'échelle régionale.**

La construction sociale seule, éventuellement destinées à la revente à des propriétaires privés successifs en conservant un volant de logements pour les cas de revente due à l'insolvabilité, à la succession, au déménagement géographique etc., **en serait un second.**

La prise en responsabilité des missions issues de la loi DALO, inapplicable en l'état et de façon générale du logement de tous les mal logés, insolvables à court terme du point de vue du système HLM, **en serait un troisième.**

De fait, dans le cas des SA (ou Entreprises Sociales de l'Habitat), au contraire des Offices, les intérêts commerciaux s'imposent de plus en plus, ce qui est normal. Mais autant la formule fonctionne pour des immeubles modernes, sécurisés, sur des terrains adaptés, avec des loyers en décalage normal par rapport au marché, autant elle est incapable de résoudre les problèmes posés par le parc existant.
La plupart des SA et certains offices, par leur poids et la qualité de leur management technique, ont atteint un niveau de qualité de construction intéressant voire excellent, sous réserve d'une architecture qui doit encore se libérer totalement du « style HLM » obstinément imposé pour des raisons principalement financières mais parfois encore aussi par le caractère décalé de la culture de leurs dirigeants.

L'une des dérives du système a été de transformer l'ensemble des ESH en purs gestionnaires, perdant petit à petit leur idéologie pour se plier à une économie semi-administrée au travers de règlements qu'ils ont objectivement intérêt à détourner pour les rendre applicables et les intégrer à leurs

propres contraintes, lesquelles sont, aujourd'hui, principalement d'ordre financier.

De fait, le problème essentiel, c'est celui de la finance. Obliger les constructeurs à gérer un énorme parc de qualité moyenne à faible, c'est les obliger à consacrer des moyens financiers considérables (même en période de faibles taux d'intérêt) à financer inutilement des immobilisations de terrains, des pertes si les loyers ne sont pas perçus, du contentieux et des frais généraux. **Tout ceci n'a pas grand chose à voir avec une mission essentielle : la construction de logement de qualité à un coût aussi faible que possible, pour satisfaire en particulier l'aspiration à la propriété des classes moyennes.**

Cette mission, répétons-le, se distingue d'une autre, qui consiste à gérer dans les meilleures conditions de justice et d'efficacité une denrée rare : la jouissance d'un logement social dans des conditions d'environnement, de transport et de sécurité optimales.

A confondre les deux missions, on risque et dans certains cas, c'est déjà fait, de satisfaire des besoins locatifs des fameuses « classes moyennes » aux dépens des vrais mal logés qui sont de plus en plus nombreux à être exclus, cependant que l'on contraint lesdites classes moyennes à vivre en locatif alors qu'elles souhaiteraient devenir – économiquement – propriétaires. Ainsi, personne n'est vraiment satisfait et l'on fabrique, à des niveaux différents, de l'injustice et de l'insatisfaction sociale au lieu de les faire disparaître. S'il n'en était pas ainsi, cela se saurait… il suffit de lire la presse !

Les moyens financiers, Offices et ESH les recherchent naturellement au niveau de l'État ou de collectivités locales, qui finissent par ne plus savoir très bien s'ils financent du fonds de roulement (les créances impayées, l'entretien d'un parc vétuste) ou des investissements (rénovations, constructions). Dans la pratique, les bailleurs, qui gèrent bien évidemment le coût moyen de leurs ressources, ont tout intérêt à entretenir l'ambiguïté, car les moyens financiers publics à moyen terme reviennent moins cher que les ressources d'origine bancaire à court terme puisque, sans doute à tort, ils ne se font pas soutenir par des investisseurs privés alors que techniquement ils le pourraient *via* le refinancement du patrimoine.

Les moyens financiers ainsi gaspillés ou si l'on préfère, mal utilisés, manquent alors pour tous les types d'interventions coûteuses nécessaires dans le marché foncier d'aujourd'hui : accession sociale, intervention dans les zones où le foncier est cher, évolution vers la Haute Qualité Environnementale généralisée (sous certaines réserves).

En agissant ainsi on combat aussi dans les faits la vraie mixité sociale. Celle-ci consisterait, non à « convaincre » quelques titulaires de revenus relativement élevés de rester en HLM alors que l'offre globale en est insuffisante, mais à faire en sorte que le tissu général en matière de logement soit harmonieux et non scindé ce de plus en plus, entre zones pauvres et zones riches.

Enfin l'intégration verticale qui préside au fonctionnement du secteur a également une conséquence redoutable car elle le cloisonne entre organismes concurrents, de culture différente, ayant parfois des statuts différents (Offices, ESH) et dont les "grands" dirigeants n'ont pas forcément d'excellentes relations entre eux. Or, certains types d'opérations, par exemple le relogement préalable des locataires pour les opérations de démolition-reconstruction ou l'arbitrage des droits de réservation pour le 1% nécessitent une coopération totale entre les bailleurs, faute de quoi la paralysie d'excellentes idées est assurée.
Les conditions préalables à une opération d'urbanisme deviennent en effet dans la pratique irréalisables, si ce n'est de façon marginale.

LOGER, RIEN QUE LOGER

Quatrième principe : la séparation des ambitions sociales.
Pour être bien assurées, les fonctions techniques que doivent remplir les organismes de logement social devraient, on l'a vu, être bien délimitées. Cela vaut aussi pour les ambitions sociales qu'ils veulent assumer. En effet, celle qui consiste à donner à

chaque Français un toit d'une qualité suffisante dans un environnement acceptable, quel que soit son niveau de revenu et sa condition, semble amplement suffisante pour qu'on n'essaie pas de la rendre plus difficile encore qu'elle ne l'est.

C'est pourtant ce que l'on fait en chargeant la barque d'objectifs supplémentaires, telles que « l'insertion par le logement » ou la « mixité sociale » en attendant la poursuite de la « non-discrimination ». **Toutes ces idées sont nobles en vérité mais on ne voit pas pourquoi, touchant aux droits de chaque être humain vivant en France, elles ne s'appliqueraient qu'à un type de logement et non à tous.** Il est parfaitement injustifié, nous semble-t-il, de chercher à les faire assumer de façon exclusive par le logement social, sous sa seule forme locative qui plus est.

Le logement aidé ne doit servir ni de jouet ni de réserve d'Indiens pour expériences sociales exactement comme les allocations familiales doivent être servies ou non à tout le monde, en fonction des droits et non avec des conditions suspensives ne touchant qu'une partie des porteurs de droits. Sinon l'on est dans l'hypocrisie sociale et la discrimination.

Il y a ou il n'y a pas logement raisonnable en fonction des revenus, un point c'est tout. Ou une mesure de ce type s'applique à tout logement, ou pas ; sinon, elle est discriminatoire.

Or, les principes inversés de l'**aide à la pierre** (aux bailleurs) pour le logement social et **à la personne** (aux accédants) pour l'investissement des particuliers poussent dans l'autre sens, en favorisant un urbanisme à deux vitesses encore renforcé par les règles juridiques qui s'y attachent.

Dès lors, mis en face de ses contradictions, le système recherche dans la pratique ses propres compensations et ses propres équilibres.

Une grande partie des petites tricheries (conformité au pourcentage des 20% imposé parla loi SRU grâce aux contingents d'opérations vendus par les promoteurs à La Foncière, par exemple) s'explique ainsi.

A ce compte, on est très loin d'une politique du logement qui sait ce qu'elle veut et sait comment s'y prendre pour y arriver.

Nous préconisons au contraire l'aide à la personne en logement aidé et l'aide à la pierre pour l'investisseur privé. Les approches générales d'urbanisme (par exemple le SDRIF en Ile-de-France) sont dans ce contexte, indispensables.

De plus, ces concepts ont un caractère générique et flou. Autant l'accession à la propriété a effectivement un effet d'insertion dans la société, autant on ne voit pas en quoi un logement locatif « insère » dans la société plus qu'un autre, sauf s'il s'agit naturellement d'insérer de force parmi d'autres locataires plus ou moins récalcitrants à qui on ne demande pas leur avis, des familles présentant des difficultés de voisinage avérées ou potentielles.
Autrement dit, il s'agit de se livrer à des expériences sociales aux dépens de gens qui ne peuvent pas se défendre. Demande-t-on aux copropriétaires d'un immeuble cossu de recevoir comme voisins des gens à la seule fin de les « insérer » socialement ?

Quant à la « mixité sociale », il parait particulièrement antisocial d'en faire « bénéficier » le seul secteur social : le concept va de soi au niveau global et c'est une ambition louable que nous cherchons tous (ou presque tous) à réaliser. Mais lorsqu'il s'applique au seul logement social, il revient dans les faits à dispenser les zones résidentielles de mixité, donc à accepter l'idée de ghettos de luxe. Ici aussi, on fait porter à un concept une signification antinomique avec son essence même : il devient une antiphrase. Quelle aberration et quelle hypocrisie, parfois, en dépit du culte de la pensée unique !

Réserver la « mixité sociale » réelle ou supposée au seul secteur aidé est un véritable non-sens social : le logement aidé, justement, n'est pas un concept social isolé.
Il a pour fonction de permettre, plus ou moins temporairement, à une partie de la population, de se loger dans des conditions satisfaisantes. Il n'a pas vocation à devenir un *cluster* social offert en pâture à toutes les expériences ou phantasmes sociaux, alors qu'on laisse tranquille la constitution de ghettos pour riches dans certaines communes. On peut d'ailleurs faire un parallèle avec la santé publique, où seuls les hôpitaux

publics sont mis officiellement en cause et pratiquement jamais les cliniques privées…

Le concept de mixité sociale doit donc être réservé à l'urbanisme et l'urbanisme, par définition, dépasse largement le cadre du logement aidé et même du logement tout court.
Dans ce cadre, des progrès sont enregistrés. A titre d'exemple, on citera la mise en place des « Nouveaux Quartiers Urbains » par la Région Ile-de-France ou des éco-quartiers par l'État.
Il est par contre, bien sûr, indispensable d'éviter toute forme d'exclusion et c'est ici que le professionnalisme est vraiment nécessaire.

Qu'on pense par exemple à ADOMA (à l'époque, c'était la SONACOTRA) qui, au prix d'une image de marque longtemps négative, a réussi, dans le cadre d'une politique générale du logement incompatible avec la solution définitive du problème, à apporter beaucoup à de nombreux immigrés sans famille et à développer un véritable savoir-faire.

Qu'on pense aussi à certaines associations comme HABITAT et HUMANISME ou SNL, qui ont réalisé un gros travail pour loger des familles ou des isolés en mal d'insertion.
Encore faut-il, et c'est là une raison supplémentaire de mettre fin à l'intégration verticale dans le logement social, donner aux bailleurs « spécialistes » les moyens de travailler pour leurs clientèles particulières tant sur le plan financier que juridique et éviter le désastreux système des quotas de telle ou telle catégorie imposés aux bailleurs généraux, faute de la confiance et du soutien nécessaires à accorder aux organismes spécialisés qui assument les problèmes.

Les situations sociales difficiles ne se résolvent pas en effet à coup de mesures globales qui ne font que déplacer les problèmes voire les péjorer, mais par un travail de terrain associant des spécialistes connaissant bien les problèmes. Elles restent en tout cas insolubles dans le seul cadre du « tout-locatif ».

S'il en allait autrement, cela aussi se saurait depuis le temps que le système fonctionne et que le nombre des mal-logés et des pas logés du tout augmente régulièrement malgré les discours lénifiants. A quoi bon appliquer la méthode Coué lorsque, année après année, il devient de plus en plus évident que le bateau fait eau et qu'on n'aveugle plus les brèches ?

Séparer les ambitions sociales, c'est aussi clarifier la notion « d'accompagnement social ». Celle-ci recouvre en effet, on l'a vu, les idées bien différentes que les uns et les autres se font de l'aide à la personne. Mais il est clair que si le soutien ou si l'on préfère l'accompagnement offert à une famille qui a de réelles difficultés peut relever le la charité (associations caritatives) ou de la justice sociale (CCAS, Directions de la Vie Sociale des départements etc.), il n'a rien à voir avec le logement social et son organisation.

Pour nous, le logement « social » ou plutôt aidé est par définition un cadre collectif et contractuel, dont la finalité est d'être un mécanisme correcteur du marché aussi souple que possible et de contribuer à un mouvement tectonique permettant à chacun, par arbitrages successifs de son patrimoine immobilier, de rejoindre, par ses propres moyens, le régime général de l'accession à la propriété ou, s'il le préfère, du marché locatif.

Cette ambition est très différente de celle qui, pour des raisons de justice sociale, vise à apporter un appui à des personnes en difficulté occasionnelle ou permanente et encore davantage d'une conception caritative visant à prioriser les besoins des uns ou des autres en fonction de critères moraux ou sociaux, qu'ils soient d'inspiration confessionnelle ou simplement humaniste. Cela ne veut évidemment pas dire que la solidarité ne doit pas s'exprimer, et même puissamment. **Mais il ne faut pas confondre les registres, sans quoi les droits de tous se verront nécessairement obérer par les privilèges, aussi relatifs qu'ils soient, accordés à quelques-uns**. Une spécialisation doit donc se mettre en place pour que ce besoin, bien réel, soit satisfait.

L'URBANISME, C'EST UN TOUT

Cinquième principe : travailler l'urbanisme avant tout ou, si l'on préfère, le principe de qualité.

Les problèmes de sécurité apparus dans les zones HLM ou à prédominance HLM ne sont, bien sûr, pas exclusivement dus au type d'habitat majoritaire dans ces zones.

Il n'en reste pas moins que la concentration de zones denses exclusivement réservées à un logement locatif de qualité moyenne ou faible, reste un facteur essentiel d'insécurité qui se combine à d'autres. Lesquels ?

- L'échec global de « l'Éducation Nationale » en tant qu'orienteur et son incapacité à répondre seule, comme on peut s'y attendre, au défi éducatif en même temps qu'à celui de l'entrée en société, en est un.
- Le fait de privilégier systématiquement l'exigence ou le caprice du consommateur aux dépens de l'éthique du citoyen, en est un autre.
- L'inversion des valeurs pratiquée par un système social qui pénalise sans le vouloir ceux qui cherchent à s'en sortir de façon autonome en est un troisième.
- L'élimination progressive, par démagogie à courte vue, de tout ce qui favorise le ciment social ou la valorisation de l'expérience comme par exemple le service national, agit tout aussi négativement.
- A l'inverse, le maintien de nombreux préjugés plus ou moins racistes vis-à-vis non seulement de populations d'origine étrangère mais même de nos compatriotes ethniquement différents est constant.

Le temps contribue d'un côté à lisser les choses mais les politiques obsessionnellement anti-immigration n'arrangent pas les affaires et font reculer. Quelle crédibilité accorder en effet à un discours qui vante à la fois une discrimination positive ciblée voire ostentatoire et la suspicion générale objectivement encouragée dans les services et la communication, vis-à-vis de tout ce qui est basané ? Et comment éviter les dérives, si on le souhaite vraiment ? Bien évidemment ce problème, étranger en soi à notre propos, le recoupe au titre de la géographie du lieu de vie mais aussi des revenus et de la situation des demandeurs de logement.

- La pratique, dans notre pays, de politiques à court terme dépourvues de desseins nationaux ou européens mobilisateurs aggrave le mal.
- L'absence de prise en compte des véritables aspirations populaires couronne le tout.

Un urbanisme de qualité, bien différent de l'esprit « mixité sociale en barres HLM » est, dans ce contexte, une base essentielle et durable d'une bonne qualité de vie sociale, et de la vie en général. S'il n'est pas une condition suffisante de la paix sociale, il en est une condition nécessaire. Or, dans la conception actuelle, l'urbanisme « social » s'impose aux collectivités territoriales qui sont censées être responsables de l'urbanisme en général.

Il les effraie, principalement parce qu'il est basé sur un système de répartition locative que les décideurs locaux ne maîtrisent pas vraiment.

Surtout, ils ne peuvent en assurer la police, au sens noble du terme, que nominalement alors que la responsabilité de l'ordre public leur y appartient bel et bien. A l'inverse certains d'entre eux, il faut le dire, cherchent encore à en tirer un profit politique, assez illusoire d'ailleurs, en se constituant une clientèle dépendante lorsqu'ils sont arrivés, par le biais d'offices d'HLM municipaux ou d'un quadrillage politique, à maîtriser l'essentiel des attributions de logement.

Dans un cas comme dans l'autre, on est bien loin des intérêts de la population. Certains élus résistent même jusqu'au bout dans des forteresses de l'égoïsme réservées aux riches tandis que d'autres ont cherché à remplacer les patrons chrétiens « bienfaiteurs » de leurs ouvriers en se constituant des réseaux de dépendance fondés sur la distribution conditionnelle d'une denrée rare.

UN SYSTÈME DONT ON N'A PAS QU'À SE LOUER

Ici aussi, le « tout locatif » montre ses limites, parce qu'il aliène la liberté du citoyen. Les très nombreux citoyens à qui le marché du logement actuel ne peut offrir ce qu'ils désirent à des prix qu'ils puissent assumer, ne sont pas là pour servir d'enjeu à la politique politicienne. **Ils attendent des responsables politiques, justement, de vraies réponses à leur problème.**

Le système du « tout locatif » intégré impose aussi des conceptions étroitement budgétaristes, qui n'ont qu'un lointain rapport avec une saine gestion des finances.

Le constructeur étant le bailleur, il charge son bilan de la propriété des sols. Dans des zones fortement urbanisées où le terrain est cher, ceci exclut la constitution d'un environnement de qualité qui, bien sûr, est jugé « trop cher » puisque l'on a surinvesti dans l'acquisition des terrains et qu'on n'a donc, paraît-il, plus les moyens d'investir dans la qualité environnementale. Il n'est que de visiter les sites de banlieue pour rencontrer ces pseudo jardins publics à base de béton et de quelques arbrisseaux étiques, où des tubes en acier mal repeints et des jardinières en aggloméré tiennent lieu d'éléments décoratifs en contrepoint des tags, des caddies abandonnés et des abris à poubelles douteux. Il faut en finir avec cette conception surannée et dégradante, toujours et trop largement tolérée.

L'urbanisme de la construction sociale doit être, au minimum, de la même qualité que celui de la résidence privée. **Le « peuple » lui aussi a droit au beau et au bien.**

Ce n'est pas l'effet du hasard, si aujourd'hui la rénovation des cités-jardins des années trente est furieusement « tendance ». C'est tout simplement qu'à l'époque, il y avait des gens intelligents qui avaient compris que le « cheap » en matière de logement social était une sottise.

Ce n'est pas non plus un hasard si dans certains pays étrangers où le foncier est encore plus cher et l'espace bien plus mesuré qu'en France, on arrive à des résultats beaucoup plus convaincants.

Deux remarques à ce sujet, ou plutôt deux hypothèses.

Ou bien, l'on part du principe que tout est écrit dans la pratique du logement aidé en France et que comme Moïse, l'Union des HLM a reçu de Dieu (l'État) de définitives Tables de la Loi. Dans cette hypothèse, il faut tenir compte des problèmes qu'a Moïse à satisfaire le peuple élu, donc de ses besoins en terrains chers et d'autre part il lui faut être sûr que les Hébreux paieront bien leurs loyers. Comment faire dans ce cas, si ce n'est en retournant aux solutions qui avaient été mises en place au démarrage du système mais qui sont mortes du fait de l'incapacité de l'État à tenir ses engagements. Et restaurer la crédibilité de l'État et de sa signature serait effectivement un programme aussi ambitieux qu'intéressant. Mais quelque peu illusoire...

Ou bien, on assume qu'il y a un Nouveau Testament ou que Dieu accepte de revoir Sa copie.
Dans ce cas le problème n'existe plus sous cette forme puisque (on l'a fait partout en Europe, en démarquant la propriété des emprises ou plus généralement des infrastructures, de celle des moyens opérationnels en télécom, distribution électrique, transports etc.) les tâches sont spécialisées et les opérateurs ne s'occupent plus que de leur métier propre. Les problèmes du foncier et même du bâti retournent alors dans le chef de l'investisseur public et/ou privé, qui assume le portage en prenant éventuellement en gage une partie des encaissements, un type de montage tout-à-fait classique en finance.

Faire évoluer un système complexe, bénéficiant d'une culture stable et qui a mis en place de nombreuses rentes de situation tant dans l'encadrement de certaines structures que chez certaines catégories de locataires ou au sein du monde politique est une entreprise délicate, peut-être une gageure.
Mais l'entreprise est indispensable car on ne peut indéfiniment, sous peine de risques sociaux graves, refuser de réformer et d'assumer ses responsabilités politiques, c'est-à-dire de répondre dans les faits aux attentes essentielles des citoyens.

ET MAINTENANT, QUE FAIRE ?

Il convient donc de se fixer des objectifs réalistes mais non immédiats, d'éviter toute brutalité dans l'application sans pour autant se laisser détourner des buts fixés dans la mise en œuvre des principes et surtout d'orienter les partenaires actuels du logement, privés et publics, vers des actions positives et mobilisatrices. Fermeté et cohérence sont cependant nécessaires.

Bien entendu, sous peine de déclencher un mælstrom protestataire, il est hors de question de rendre rétroactives les mesures nouvelles qui paraîtraient nécessaires. Elles ne sauraient par conséquent s'appliquer qu'à de nouvelles constructions ou à de nouveaux entrants, donc prendre du temps pour produire leur effet.
Mais le **contrôle des droits effectifs** peut par contre s'effectuer sur les occupants actuels. Qu'on respecte déjà les règles existantes avant d'appliquer de nouvelles, cela indiquera le sens du vent !
Quels sont, dans ce contexte les points les plus susceptibles d'être corrigés ou amendés ?

RESTAURER UNE MORALE DES LOYERS

Le mode de fixation des loyers fait partie des curiosités du système actuel et il est, de par son caractère artificiel, l'un des principaux responsables de l'impasse. Il est en effet conçu de manière à évoluer suivant une courbe - ou plutôt un escalier très plat- qui ne reflète en aucune manière l'évolution du marché. L'évolution de l'augmentation moyenne des prix du marché se présente au contraire le profil « montagneux en ascension » de type classiquement boursier.
En intégrant l'espace entre les deux courbes, on obtient le volume de l'avantage financier dont bénéficie, pendant le nombre d'années correspondant à son « bail », le locataire. C'est la rente servie.

Cet avantage ne peut qu'augmenter dans le temps, poussant ainsi les locataires à se stabiliser plus ou moins définitivement dans leur logement. Le retour - ou l'accès - au marché libre du logement leur est dès lors fermé par un effet de cliquet bien facile à comprendre.
Lorsqu'on paie entre les deux tiers et parfois la moitié ou même moins (en Région Parisienne) du prix « normal », on ne peut

qu'hésiter à déménager si l'on a des revenus modestes, quitte à accepter des conditions de vie parfois limites.

On voit d'autre part, lors des consultations menées par les ESH, des locataires refuser par principe les réhabilitations, synonymes pour eux d'augmentations de loyers, mais contribuant ainsi objectivement à la dégradation rampante du patrimoine.
Il est fréquent de voir leurs associations, soutenues par certains élus, jouer le même jeu, pour des raisons que l'on comprendra facilement.

Par contre, il n'est pas exceptionnel dans les zones les plus favorisées, tant l'idée de quasi-propriété du HLM locatif est communément admise, de voir des personnes ayant atteint l'âge de la retraite et disposant, grâce aux économies réalisées sur le loyer au fil des ans d'une modeste résidence secondaire en province, alterner les séjours en zone urbaine et à la campagne. De fait, pourquoi abandonner un pied-à-terre qu'on a eu tant de mal à obtenir et qui peut profiter aux enfants, si l'on se « débrouille » bien ?

Et du point de vue du bailleur, pourquoi se priver de locataires qui paient bien et ne créent aucun problème, cependant qu'on continue tranquillement à expulser pour dettes locatives des gens qui grossiront inévitablement le fichier des mal-logés et reviendront un jour dans le parc d'un autre bailleur via un « contingent préfecture » ?

Ce ne sont là que quelques effets pervers du système actuel, celui d'avoir établi une quasi-propriété à un prix déconnecté du marché. Ici, on le voit bien, les tenants du maintien en l'état à tout prix du système sont en contradiction avec eux-mêmes. Ce n'est pas louer que d'instituer une quasi-propriété pour la vie, à des conditions tout-à-fait hors-marché. C'est rendre les gens dépendants à des conditions telles qu'ils auraient pu envisager la sécurité d'un toit qui leur soit propre.

Une première réforme à envisager consisterait donc, semble-t-il, à « agrafer » les loyers sur un indice moyen du marché régional (vu les disparités énormes qui existent entre la Région Parisienne qui représente 20% du marché national, et les autres régions) plutôt que sur des facteurs aberrants tels que l'ancienneté ou le type de la construction, voire sa rénovation puisque celle-ci est souvent en grande partie financée par l'État.

Bien entendu, le facteur d'agrafage doit varier en fonction du type de logement mais il ne doit en aucun cas avoir pour conséquence de pénaliser l'amélioration des conditions de vie.
Le but à obtenir est de décourager l'installation définitive en HLM locatif de ceux des locataires dont les revenus évoluent favorablement par rapport aux plafonds fixés et ce pour une raison très simple.

Sous sa forme actuelle, **l'offre n'est constituée que de la somme des vacances, proportionnellement de moins en moins nombreuses, et des constructions nouvelles** dont le rythme baisse constamment du fait de l'insuffisance de foncier, surtout si on la considère socialement, c'est-à-dire par rapport aux publics qui n'ont pas d'autre choix que le logement locatif aidé.

La demande apparente, elle, explose sous l'influence de puissants facteurs : niveau élevé du plafond de ressources, besoin de décohabiter, dégradation de la situation économique, taux des divorces en zone urbaine et dans une plus modeste mesure, immigration de travailleurs nouveaux en provenance de l'extérieur mais aussi de l'intérieur de l'Europe.
Encore faudrait-il soustraire de l'offre les logements sociaux qu'on voudrait vendre à leurs occupants et rajouter bientôt à la demande l'effet du papy-boom car il faudra bien permettre au nombre grandissant de retraités ne disposant que d'un faible revenu de disposer - pas nécessairement dans leur lieu de résidence professionnelle - d'un logement à bon marché.
Il ne faut pas avoir fait Polytechnique ou l'ENA pour comprendre que, dans la forme où elle est posée actuellement,

l'équation "offre = demande" est impossible à résoudre. Il suffit de savoir faire des additions et des soustractions.

La première mesure envisagée est donc le raccrochage au marché, à pratiquer avec modération. Ne parlons pas ici de l'application du « surloyer » qui n'est au final qu'un prétexte permettant au contraire au bailleur de conserver *in situ* des clients plus solvables que d'autres alors qu'ils auraient les moyens de migrer vers le secteur libre et de libérer des logements pour des mal logés (ou pas du tout logés).

ET RECENTRER L'AIDE AU LOGEMENT SUR LES REVENUS VRAIMENT MODESTES

L'accès au logement social est conditionné par le niveau des ressources qui doivent être selon la composition du foyer et la caractéristique administrative du logement, inférieures à des plafonds.

Depuis deux décennies, l'État a laissé dériver vers le haut le niveau de ces plafonds sous l'effet notamment des modes d'indexation sur le SMIC, notamment depuis l'adoption des 35 heures.
Si bien qu'en 2008 ces plafonds de loyers permettaient à plus des deux tiers des résidents d'accéder à un logement aidé et donc de bénéficier de loyers très significativement réduits, avant même l'intervention des aides personnelles.
En 2009 ces plafonds ont été réduits de 10,3 %. Il demeure cependant que près de 60 % des résidents peuvent demander un logement aidé. Cet état de choses explique en grande partie l'explosion de la demande qui ne peut être satisfaite car en face de cette majorité de demandeurs le parc de logement social ne représente que 23 % des résidences principales.
Par ailleurs le taux de rotation est de plus en plus faible surtout dans les zones les plus denses. Cette situation a plusieurs graves inconvénients : la déception et l'insatisfaction de la grande majorité des demandeurs, le maintien dans le parc de locataires aux ressources suffisantes pour louer dans le secteur privé (si nécessaire avec une allocation logement) ou pour entrer dans un

projet d'accession, enfin la tendance des bailleurs à attribuer de manière préférentielle les logements aidés aux candidats les plus solvables aux dépens des plus modestes.
C'est pourquoi il convient de poursuivre la **réduction de l'écart entre les ressources autorisées pour l'accès au parc social et la dimension de ce parc** qui peut être mieux réparti mais dont la dimension globale est déjà très importante.
L'objectif serait d'atteindre en quelques années un niveau de plafonds qui ne concernerait que 40 à 50 % des résidents. Cette évolution permettrait de recentrer réellement le logement social sur la catégorie des revenus modestes et des mal-logés qui en sont souvent exclus actuellement et peut-être même de plus en plus, ainsi qu'en témoignent les Associations de logement, victimes par ailleurs des effets financiers induits par la recentralisation car elles sont dépendantes pour une large part du soutien des collectivités territoriales en direction desquelles l'État, ici aussi, se défausse (tout en cherchant à les évacuer du processus décisionnel, bien sûr).

DROIT AU MAINTIEN DANS LES LIEUX OU DROIT AU LOGEMENT ?

Corrélativement, une deuxième réforme paraît nécessaire : la suppression du droit au maintien dans les lieux, à ne pas confondre, bien évidemment, avec le droit au logement qui est au contraire à ériger en principe absolu. C'est d'ailleurs un droit constitutionnel.

Il est clair que tant que ce principe est appliqué dans sa forme actuelle, il est impossible - en cas de nécessité justifiée bien évidemment - de mettre fin à la quasi-propriété HLM et aux problèmes techniques et humains qu'elle engendre.

Mais il est aussi et surtout très difficile d'assurer la paix sociale dans les meilleures conditions possibles puisqu'on rend impraticable toute forme de police des lieux, qu'elle soit exercée par le bailleur (toujours lui) ou par le maire, avec l'appui de la justice.

Le maire ne pouvant hélas, en l'état actuel du Droit, ester en justice pour défendre ses administrés, la seule sanction juste et efficace possible vis-à-vis de locataires trublions ou dangereux est la résolution du bail.

Or, celle-ci est actuellement plus ou moins impossible à envisager, d'une part parce qu'il n'y a pas à proprement parler de bail limité dans le temps, d'autre part parce l'on a, avec le principe du droit au maintien dans les lieux, institutionnalisé la sanctuarisation des quelques fauteurs de trouble. Ils sont finalement peu nombreux, mais grâce au régime actuel, très efficaces dans la nuisance directe et indirecte.
Alors qu'un bailleur privé a légalement le droit d'expulser, avec beaucoup de difficultés certes mais avec quelques chances de succès, un locataire qui ne respecte pas ses obligations, il n'en va pas de même pour le « bailleur » social dont les responsabilités sociales sont beaucoup plus importantes.

Le résultat de cette belle construction juridique, c'est qu'on voit régulièrement de braves gens se faire expulser de leur HLM pour des raisons strictement financières, alors que de petites frappes de quartier peuvent pourrir la vie de leurs cages d'escalier voire de nombreux autres citoyens sans courir le moindre risque. Ceci donne d'ailleurs un profond sentiment d'injustice aux voisins qui n'ont pas à subir les conséquences d'une telle indulgence et ne peuvent la comprendre

On décrédibilise ainsi totalement l'autorité locale, laquelle ne peut que se borner à des protestations platoniques vis-à-vis des contrevenants ou du bailleur tout comme la police, qui a l'impression de remplir quotidiennement le tonneau des Danaïdes et finit un jour par s'en lasser.
Rien d'étonnant d'ailleurs à cela, le « système » HLM et donc ses modes de fonctionnement ayant préexisté à la décentralisation.

Pourtant, la seule **éventualité** d'une sanction locative suffirait, dans la plupart des cas, à ramener à la raison les auteurs d'incivilités persistantes ou de délits plus graves. **C'est le fait de se priver par principe (en est-ce vraiment un ?) de ce moyen de pression qui pose problème,** alors qu'il paraît parfaitement légitime d'affirmer le principe d'un contrat social entre le bénéficiaire d'une aide qui devient de plus en plus un privilège et la collectivité qui finance cette aide.

Ceci provient nous semble-t-il d'une regrettable confusion entre le **droit au logement,** dont la reconnaissance est juste, indispensable voire insuffisante aujourd'hui et **l'octroi** à l'heureux élu d'une commission d'attribution, **d'une rente définitive sans contrepartie**, qui crée les problèmes, prive de nombreux postulants, précisément, de leur droit au logement et contribue à donner une mauvaise image de marque au logement aidé, freinant ainsi son expansion.

En effet le déficit d'image des HLM, à son tour, ne manque pas de contribuer, à travers l'incompréhension de nombreux élus, à un déficit de construction alors que les besoins n'ont jamais été aussi grands et que les « solutions » coercitives ont montré et montreront de plus en plus leurs limites, même sous un gouvernement qui en serait partisan.

On pourrait même dire que le droit au maintien dans les lieux tue le droit au logement, en rendant plus ou moins impossibles les échanges de logements, pourtant très utiles et en institutionnalisant dans les faits certains abus criants (transmission des logements aux descendants, confusion entre les utilisateurs du logement etc.).

Et surtout il rend illusoire tout recours au droit. En France, le droit est écrit et le juge ne manque jamais de relever que, la Loi étant ce qu'elle est, le locataire en règle avec son bailleur (ou tout au moins toléré par celui-ci) peut commettre toutes les incivilités du monde voire des délits dans son immeuble et *a fortiori* au-dehors de celui-ci, tant qu'il n'y a pas plainte spécifique et condamnation, rien ne vaut !

La charge de la preuve, entièrement à charge des victimes, n'est donc dans les faits ni administrable ni supportable par elles, donc tant qu'on s'obstinera à maintenir cet étrange

postulat, les choses resteront ce qu'elles sont ou même elles empireront.

LE RÉGLEMENT, C'EST POUR TOUT LE MONDE

Troisième mesure à envisager : la ré-application progressive et stricte des règles. Plafonds, règlement d'occupation, surveillance stricte de la qualité des occupants à habiter les lieux, obligations d'entretien du bailleur, intervention de l'État garant des loyers vis-à-vis des bailleurs dans le cadre de leur mission, suppression des expulsions pour défaut de paiement des loyers, tout cela existe mais, comme trop souvent en France, le manque de courage dans la gestion du quotidien conduit à faire travailler un système sans en faire appliquer les règles et à vouloir faire tourner un moteur sans huile, avec les inévitables conséquences que cela entraîne.

En ce qui concerne le défaut de paiement des loyers, il convient naturellement d'entendre par là le non-paiement de bonne foi, la mauvaise foi devant être poursuivie en logement aidé dans les mêmes conditions qu'en droit commun.
Réenclencher brutalement la première vitesse serait évidemment irréaliste voire socialement dangereux. **Mais il est indispensable** et préalable à une nouvelle démarche favorisant l'accession généralisée, **de restaurer un climat de rigueur, de respect et de justice et de cesser de privilégier le double langage, le social mal compris, l'injustice sociale et les tricheries diverses.** Il faut que la pratique du logement social cesse de démentir les principes affichés de ce qui fut un Mouvement, ce nom même impliquant une dynamique et une éthique.

Dans le même esprit, il est devenu indispensable de mettre en place un système de baux qui en soient vraiment. Clairement limités dans le temps et proches du droit privé, indexés, non transférables, ils devraient stipuler d'office le non renouvellement en cas de troubles caractérisés et juridiquement constatés à l'ordre public et de dépassement des plafonds au-delà d'un pourcentage minime.

La pratique du surloyer, qui est actuellement une tricherie en même temps qu'une injustice légalisée, doit être à terme abandonnée mais pas avant que, appliquée avec rigueur, elle n'ait servi à remettre de l'ordre dans une situation injuste voire dangereuse par ses effets.
Quand elle est automatique, l'application de la loi est plus facile et plus facilement compréhensible par les citoyens, locataires ou non. Dans ce domaine aussi, le recentrage doit être **progressif, ferme et juste**, prévoyant des délais suffisants pour l'éventuelle dénonciation du bail comme il en va d'ailleurs dans plusieurs pays étrangers.

Rendre le système locatif plus juste et restaurer son esprit qui est d'aider pendant le temps nécessaire et seulement pendant ce temps, les citoyens à exercer leur choix de vie grâce à l'attribution d'un logement aidé est une bonne chose.
C'est aussi y réintroduire les notions de responsabilité et de motivation à l'ascension sociale.

C'est permettre à tous de bénéficier de l'appel à la solidarité nationale, en lui rendant son caractère limité et exceptionnel et non en exclure de très nombreux citoyens[3] à force de vouloir en donner le bénéfice total et définitif à une partie d'entre eux.
Il faudra bien de toutes façons, à un moment donné, choisir entre continuer à appliquer l'injustice sociale à un nombre croissant de Français en maintenant par principe des pratiques incompatibles avec l'objectif recherché, ou bien se tourner vers une refonte complète du système.

En contrepartie, les opportunités du logement social doivent être uniformément étendues à tous (y compris aux demandeurs estimés insuffisamment solvables, dont seules les Associations

---

3 Un exemple parmi beaucoup d'autres : pourquoi les artisans et petits commerçants sont-ils globalement aussi absents dans le logement aidé alors que leurs revenus sont souvent modestes, leurs retraites davantage encore et que les cas de non réversion aux conjointes sont très nombreux ? Tout simplement parce que le système, pour des raisons que nous avons développées, a été et est toujours conçu en priorité pour le salariat évoluant vers la classe moyenne.

s'occupent actuellement) et simplifiées en évitant la multiplication de systèmes divers baptisés de sigles en évolution constante.

En effet, la situation actuelle finit par donner l'impression que les « HLM » sont l'objet d'un concours Lépine permanent de montages financiers pour « technos », dans lequel les sigles et les financements spéciaux disparaissent aussi vite qu'ils sont arrivés et les règles du jeu ne sont plus prises au sérieux tellement elles changent souvent. Quant aux ministres, force est de se rendre compte que le caractère péremptoire et définitif de leurs déclarations n'a d'égale que l'inefficacité des « solutions » proposées par leurs services.

UN COUP D'ŒIL AUX BILANS DES ESH

Une autre réforme concernerait le droit des sols et les règles d'évaluation foncières. Comme nous l'avons déjà évoqué, il semble étrange que des organismes qui sont exclusivement des bailleurs investissent des sommes importantes dans la propriété des sols, surtout lorsqu'on sait que le patrimoine le plus rentable pour un organisme HLM est la barre ou la tour ancienne de moyenne dimension, implantée dans une zone faiblement risquée, avec des financements amortis.

On se situe là véritablement aux antipodes du Bien social.

Au lieu d'économiser sur l'acquisition d'un foncier inutile à un bailleur structurel, on investit des sommes considérables dans la propriété du sol, alors que la revente en est, compte tenu des règles de l'activité pratiquée, extrêmement aléatoire. Ces capitaux seraient sans doute beaucoup mieux investis dans la qualité de la construction, de l'architecture voire dans l'urbanisme local ou dans des services sociaux de proximité (crèches, transports, équipements sportifs) afin de revaloriser l'image du logement social qui en a bien besoin en même temps qu'en rehaussant le bien-être des résidants.

Au lieu de permettre un urbanisme évolutif on maintient artificiellement en vie des logements à la limite de l'indécence, sans ascenseurs, sans accès handicapés, avec un entretien minimum, dans un environnement qui n'en est pas vraiment un.

AIDER LES COLLECTIVITÉS TERRITORIALES ET LES BAILLEURS DANS LEURS METIERS

En attendant d'évoluer sur ce point, il paraît indispensable **d'aider les collectivités locales** à acquérir du foncier stratégique et à reprendre la main pour pouvoir exercer leurs responsabilités d'urbanisme dans l'esprit de la décentralisation. Or pour certaines, touchées à la fois par la crise et l'afflux de population, la situation est devenue financièrement dramatique.

Il paraît également nécessaire de réserver un foncier suffisant au développement de logements autour des grands équipements que l'on envisage, afin de couper court à une future spéculation et aux problèmes de transport qui touchent principalement les couches les moins favorisées de la population.
Faute d'espace en effet, les problèmes sont insolubles et l'on discute à coté du réel.

Pourquoi pas, par exemple, des opérations de rachat bail (lease-back) qui permettraient aux collectivités ou à des organismes financiers spécialisés de racheter le sol des constructions HLM et de le relouer aux Offices ou ESH ? Le risque est faible et l'activité peut être rentable, sous réserve d'un assouplissement approprié de l'encadrement financier des HLM.

Alternativement le recours aux capitaux privés, qui ici serait justifié et permettrait en même temps de réhabiliter l'image, pourrait être envisagé.
Mais attention ! Ce n'est pas la même chose de mettre des capitaux privés au service d'une mission sociale et nationale sous la forme d'un vrai partenariat et, comme on tend à le faire actuellement, de privatiser cette mission…ce qui est une dérive dangereuse.
On trouvera en encadré une esquisse du modèle proposé.

Le locatif social : une opportunité intéressante pour l'investisseur privé ?

1. **Un constructeur - bailleur (système actuel) détient un certain patrimoine, mettons de 25 000 logements collectifs,** pour lesquels il sera dans la plupart des cas propriétaire des emprises.
2. **Dans son bilan, il a immobilisé la valeur non forcément actualisée de ces emprises ainsi que la valeur du patrimoine qu'il est censé entretenir au fil des années et augmenter par la construction de nouveaux logements. Toutefois, comme il n'a pas vocation à revendre (encore que...) son patrimoine dans le marché, mais seulement, le cas échéant, à des locataires accédant à la copropriété, ce patrimoine ne sera jamais valorisé par une revente globale et par conséquent ne lui sert de rien.**
3. **Il dispose d'un flux de loyers de plus ou moins bonne qualité qui lui assure une certaine rentabilité, sur des actifs souvent largement amortis après financement à des taux réduits.**
4. **L'ESH est en principe un excellent risque pour un éventuel investisseur puisque le contexte réglementaire garantit de fait sa solvabilité quoiqu'il arrive. Sa qualité de gestion est en général tout-à-fait acceptable et en tous pas pire que dans le privé.**
5. **En général, compte tenu de la nature de son tour de table capitalistique, il manque de fonds propres pour contribuer à financer chaque nouvelle opération, ce qui peut freiner le développement nécessaire des opérations neuves.**

6. **Dans le marché national et international, de nombreux investisseurs recherchent de bons risques dans des pays souverains de bonne qualité, même avec un rendement modéré mais qui, eu égard au niveau général des taux sans même évoquer la crise, est appréciable !**
7. **Dans ces conditions, pourquoi ne pas envisager de faire participer ces investisseurs, soit au tour de table des ESH de type classique, soit de leur proposer des emprunts longs gagés par le revenu locatif, ou encore de racheter tout ou partie des emprises qu'ils reloueraient ensuite aux bailleurs HLM**

Ces quelques idées sont simplement destinées à démontrer qu'on est loin d'avoir tout inventé en matière de financement du logement aidé !

...SANS SE COMPLIQUER LA VIE !

A l'inverse, on se complique aujourd'hui terriblement la tâche. Ainsi, par exemple, le circuit suivant, qui si on y réfléchit sérieusement, est pratiqué couramment :

1. Le contribuable paie des impôts nationaux ou locaux

2. L'argent public sert, par exemple, à financer la Défense Nationale, le RFF, VNF ou de façon générale un organisme public qui a acheté ou achète encore des terrains dont une partie est disponible.

3. Il sert à financer au travers de l'aide à la pierre ou du circuit des collectivités territoriales le secteur HLM

4. On a besoin de logement aidé, donc on demande aux organismes détenteurs de terrains de les vendre

5. La fixation du prix nécessite de lourdes et longues négociations car :

- il faut respecter les règles d'aliénation propres au secteur public,
- on veut aider la construction de logement social donc faire baisser le prix,

- mais les responsables des services du vendeur sont sous la pression des gestionnaires, donc veulent le faire monter.

6. On finance une Agence foncière d'état (régionale ou départementale, ou AFTRP en Ile-de-France)

7. L'Agence entreprend d'acheter les emprises et de financer leur portage

8. Elle négocie de l'autre côté avec le maître d'ouvrage de l'opération (généralement une collectivité territoriale)

9. La collectivité territoriale (financée en partie par un apport de fonds publics extérieurs sous forme de subventions) rétrocède à un organisme HLM le foncier nécessaire à la construction.

Le cas échéant, l'organisme HLM pourra réserver des logements aux collectivités qui auront contribué au financement spécifique. Etc.

Ne serait-il pas plus simple que le RFF, VNF etc. louent directement les emprises dont ils sont propriétaires sous la forme de baux à très longue durée à des organismes HLM (ELS) qui de toute façon, dans l'état actuel des choses, ne feront que louer ? Une partie des logements pourrait d'ailleurs être réservée au personnel du bailleur du terrain…

Ceci étant, les agences foncières sont utiles et il convient d'en encourager la création dans les zones de spéculation immobilière, de faciliter par des mesures comptables et administratives l'achat de foncier socialement utile par les collectivités au lieu de les décourager objectivement. Rappelons toutefois qu'**elles ne font que du portage** et ne résolvent pas définitivement le problème de l'immobilisation des fonds.

Il faut aussi prévoir que un certain nombre de cas (successions non réglées au bout de 5 ans, déchet immobilier de sinistres financiers, squats), la collectivité sociale responsable pourrait entrer en possession du bien, en exercer les responsabilités de gestion courante et le mettre par bail à la disposition de bailleurs spécialisés dans le domaine du logement social.

Les bailleurs sociaux n'ont pas vocation à administrer l'espace, car c'est là une prérogative des collectivités territoriales et cela ne correspond, ni à leur compétence, ni à leur culture. Ils ont vocation à rester dans leur rôle et à assumer pleinement celui-ci qui consiste à fournir à tout citoyen ne souhaitant pas accéder, pendant le temps nécessaire, là où il le souhaite, un logement de qualité dont il puisse jouir paisiblement avec sa famille.

Telles sont différentes mesures préalables qu'on pourrait envisager, dans le cadre d'une politique résolue, tenant compte des réalités et recherchant l'intérêt de la majorité des citoyens les moins favorisés.

APRÈS LES MESURES PRÉALABLES, LES RÉFORMES DE FOND

Esquissons maintenant les réformes, telles qu'on peut déjà les rêver, dans une vision à moyen terme qui voudrait s'opposer au cheminement erratique et généralement assez inefficace auquel l'autorité politique nous a habitués depuis des années. **Il s'agira de s'appuyer résolument sur les partenaires qui comptent vraiment, de bien définir leur rôle respectif et les pouvoirs et moyens qui s'y attachent.**

PLANIFIER LA TERRITORIALISATION DU LOGEMENT AIDÉ, UNE PISTE DE TRAVAIL !

Il est probablement nécessaire de mettre en œuvre, par exemple dans le cadre d'une politique contractualisée au sein d'un syndicat régional, une **politique à long terme de territorialisation d'aide au logement dans ces grandes agglomérations ou « métropoles » marquées par les déséquilibres**.
Et ce, en agissant sur chacune des catégories de communes selon des orientations spécifiques. Une tendance, qui est un peu une redécouverte d'un urbanisme de qualité, semble d'ailleurs se dessiner dans ce sens (quartiers NQU de la Région Ile-de-France).

- Pour les **communes à faible proportion de logements sociaux** on pourrait ainsi prévoir les mesures suivantes:

- interdiction ou forte dissuasion à vendre les logements HLM existants. L'argument de mixité ou d'encouragement à l'accession n'étant pas pertinent dans ces quartiers et le secteur locatif doit être préservé. En tout cas, ne consentir aucun abattement sur les prix de vente et exiger la construction simultanée d'un nombre au moins égal de logements locatifs sociaux. Par ailleurs exiger des bailleurs qui veulent vendre des logements en fin de période de conventionnement de trouver un acheteur disposé à re-conventionner les logements en question.

- application rigoureuse du surloyer (SLS renforcé) aux locataires disposant de revenus supérieurs aux plafonds. On estime à au moins 7 % en moyenne (et sans doute davantage dans certaines communes) le nombre des locataires dépassant ces plafonds très élevés. C'est d'ailleurs dans ces mêmes communes que l'écart entre loyers privés et sociaux est le plus élevé comme à Paris.

- développement de la location « intermédiaire » ou de préférence de l'accession destinée à ces locataires sujets à surloyer (SLS), c'est-à-dire offrir une solution d'accession aidée à ceux qui quitteront le logement social.

- obligation faite aux collectivités concernées de se conformer à un pourcentage supérieur à 20 % (jusqu'à 30 %) de logements aidés dans le flux annuel de la construction neuve. Il faudrait alors modifier le mode de comptage dans la réglementation SRU pour tenir compte des difficultés propres à chaque type de logement aidé. (on pourrait ainsi définir une pondération supérieure à 1 pour les PLAI, de 1 pour les PLUS et inférieure à 1 pour les PLS).

On pourrait prendre en compte pour une fraction (par exemple 50 %) le nombre de logements à **loyer maîtrisé** construits dans le cadre des régimes d'incitations fiscales à la construction de logements privés locatifs. Dans la plupart de ces communes compte tenu de leur densité et de leur urbanisme il est peut-être justifié mais pas réaliste de demander aussi rapidement le rattrapage du stock. Il est par contre utile pour elles d'offrir une gamme complète de types de logements pour répondre à une demande très diversifiée.

- Il faut revenir à l'exonération de PLD pour les programmes de logement social dans ces communes et autoriser un supplément de subvention pour surcharge foncière (de toutes les collectivités concernées) si c'est nécessaire pour débloquer une opération. La loi MOLL a fait un pas dans ce sens en permettant l'accroissement des droits à construire avec exonération de PLD lorsqu'il y a une proportion de logements sociaux dans un programme de construction. Si l'on veut un véritable rééquilibrage territorial du logement social dans la région on ne peut éviter le redéploiement de l'aide à la pierre des communes à forte densité de logement social vers celles qui en ont insuffisamment. Surtout pour celles qui, étant purement résidentielles, ont un potentiel fiscal limité.

- dans ces communes il ne convient pas d'encourager l'accession au-delà de l'offre d'aides adaptées aux locataires en place dépassant les plafonds (voir ci-dessus) et conduits à quitter le logement social qu'ils occupent dans un certain délai. Pour l'avenir le retour au régime normal des baux d'habitation permettra aux bailleurs de revoir périodiquement les situations des nouveaux entrants dans le parc social depuis la loi nouvelle et de mettre en œuvre les dispositions légales de congés.

☞Pour **les communes au parc social** supérieur à 40 ou 50 % et souvent concentré dans quelques quartiers, on pourrait au contraire :

- adopter une attitude plus souple vis-à-vis des situations de dépassement de ressources afin de préserver les exemples de mixité sociale hérités du passé ; offrir des conditions favorables pour l'acquisition des logements dans ces grands ensembles ce qui peut être attractif après intervention de l'ANRU.

- réduire ou même supprimer les aides à la construction de logements locatifs sociaux dans ces communes sauf pour compenser la diminution nette de ces logements à la suite de destructions ANRU et à condition que ces nouveaux logements locatifs soient construits dans des quartiers qui n'ont pas ou peu de logements locatifs aidés.

- agir énergiquement pour aider ces collectivités à faire construire des logements intermédiaires ou d'accession sociale près des quartiers HLM rénovés pour créer une mixité de l'habitat et dans les autres quartiers de ces villes pour l'accroître.

DES MESURES AUX STRUCTURES

LES ACTEURS TERRITORIAUX

Acteurs aujourd'hui discrets mais incontournables, les collectivités territoriales doivent devenir, officiellement pourrait-on dire car elles le sont déjà dans les faits, le pivot du système. A l'heure actuelle, dans ce domaine comme dans bien d'autres comme l'éducation et l'urbanisme, les conséquences pratiques de la décentralisation n'ont toujours pas été tirées. Des combats d'arrière-garde sont menés pour empêcher les collectivités de prendre en main, dans un cadre défini et contrôlé par l'État, les destinées du logement de tous les Français sur le territoire qui est le leur.

On a en effet largement perdu de vue le fait que construire des logements, c'est d'abord faire de l'urbanisme et que, pour s'intégrer au territoire dans les meilleures conditions possibles, celui-ci doit d'abord être pensé globalement avant d'être décliné, entre autres, en logements.

C'est d'ailleurs pour cela que les PLH relèvent maintenant, tout au moins théoriquement, de la compétence des communautés (EPCI). Mais combien de PLH, quand ils existent, ont été conçus **après** les POS ou les PLU et non simultanément, ce qui leur retire toute signification ?

L'acte d'investissement en logement en un lieu donné doit donc, préalablement, prendre en compte une situation urbaine spécifique, généralement de caractère **régional**.
Il doit aussi mobiliser les ressources financières, en assurant une conjonction optimale de trois efforts : celui du futur habitant lui-même, celui de l'entreprise ou de l'administration dont il tire son revenu et qui lui demande de se déplacer pour travailler et celui de la collectivité nationale.
Et dans les deux cas qui est le mieux placé pour assurer la coordination de tout cela ?
Sans nul doute les collectivités territoriales et très probablement les Régions car ce sont elles qui présentent les caractéristiques les plus pertinentes en termes d'habitat et aussi de moyens.

Les Régions les plus riches et les plus urbanisées, comme l'Ile-de-France sont généralement celles où les problèmes de logement sont les plus aigus. La richesse économique est en effet souvent associée à la cherté et à la rareté du foncier.
Les besoins des entreprises y sont aussi les plus importants car les problèmes de transport, de sécurité, d'environnement donc de stress du personnel, y pèsent le plus lourd. Il faut aussi penser aux autres partenaires concernés par le logement : l'Université et ses enseignants ou étudiants, les services sociaux des Départements et des EPCI, les administrations et leurs fonctionnaires dont certains comme les policiers vivent des situations difficiles.
A l'inverse, les revenus moyens de la population sont aussi, en général, plus importants.

Enfin, la Région est en principe un épicentre au niveau de l'urbanisme général et des transports. Elle est politiquement beaucoup plus sensible que l'État et son cadre permettrait aux citoyens de faire enfin valoir le large mécontentement qui est légitimement le leur devant l'impuissance du système actuel, qui génère beaucoup d'autosatisfaction au niveau officiel mais, proportionnellement, satisfait de moins en moins les besoins.

Elle est aussi ou tout au moins doit être, un épicentre au niveau de l'emploi et elle en a pris conscience. L'objectif primordial doit être de rapprocher le logement de l'emploi et réciproquement, afin de réduire les temps, le stress, les risques et les coûts personnels et collectifs du transport. Sur ce plan, la région a un rôle moteur - si l'on peut dire - dans l'animation, l'amélioration du cadre (infrastructure, formation, etc.) et l'impulsion économique, même si l'investissement lui-même reste de la responsabilité de l'entreprise. Son rôle de coordination en matière de logement, par contre, reste encore en gestation.

En régionalisant la production de logements, on pourrait donc mieux coordonner, mieux adapter l'effort des uns et des autres et mieux assurer la discipline des collectivités locales les plus récalcitrantes à la vraie mixité sociale, celle qui touche tous les territoires et non un patrimoine spécifique, artificiellement isolé. L'effort de la collectivité nationale pourrait être encadré par les contrats État-Région comme dans d'autres domaines, dans la mesure où ces contrats perdureront. L'aide à la pierre, notons-le, n'est pas là pour accentuer les déséquilibres sur nos territoires.

La Région, animateur et coordonnateur principal de l'accession et de la location sociales, tel nous paraît être un cadre d'avenir pour travailler. Equilibre des marchés locatifs et d'accession publics et privés, logement spécialisé (personnes âgées ou handicapées, étudiants et jeunes travailleurs, publics défavorisés, migrants, personnels en formation etc.) beaucoup plus facile à équilibrer, meilleure pertinence des mesures d'encadrement, cohérence avec d'autres compétences régionales (transports, lycées et IUT, urbanisme), échanges de savoir avec les échelons européens correspondants, sont différents avantages à valoriser dans le cadre régional. En prime, on serait ainsi en cohérence avec la lettre et l'esprit de la décentralisation.

Le problème spécifique de l'attribution de logements locatifs sociaux, au lieu d'être considéré à tort comme la pierre angulaire du système, se verrait enfin ramené à ses proportions réelles. Il faut en effet mettre fin au sempiternel débat entre l'État, les bailleurs et les collectivités locales qui s'arrachent les fameux « contingents », sources de toutes les appréhensions, de la plupart des conflits et de toutes les situations ubuesques voire kafkaïennes.

C'est ainsi qu'on a pu voir un service administratif en arriver quasiment à demander la mise à la porte de certains locataires. Ceux-ci avaient en effet le tort de n'être plus administrativement en règle car, devenus RMIstes (c'était avant le RSA...) alors qu'ils étaient entrés dans le cadre d'une attribution correspondant à une autre catégorie de mal logés, ils avaient provoqué sans le savoir une grave irrégularité administrative dans le chef du service attributaire ! Ce crime grave devait impérativement être sanctionné.

Contrairement à la solution retenue pour l'instant par le gouvernement et qui valorise les départements, **il nous semble que c'est bien la Région qui doit devenir le régulateur de ce type de**

problèmes dans le cadre d'une délégation assumée par les villes ou les EPCI, assortie le cas échéant de sanctions générales (éligibilité aux fonds régionaux, par exemple).
A contrario, il faut noter que les Départements ont la compétence sociale et qu'il n'est donc pas en soi aberrant de les impliquer.

Les **Régions** disposent-t-elles des compétences et des moyens nécessaires ? Nous pensons qu'en puisant dans le réservoir de compétences des OPHLM ou OPAC de son territoire, une Région peut se doter sans alourdissement administratif des services ni péjorer la situation des personnels appartenant aux Offices, des ressources en personnel et en savoir-faire nécessaires.

De leur côté, les **EPCI** peuvent assurer le regroupement des OPHLM municipaux, souvent hétérogènes dans leurs activités, leur situation financière et leur qualité. Ils peuvent pour commencer créer des OPAC d'agglomération, construire une politique dynamique de construction, proche de la disponibilité des terrains et surtout des besoins réels de la population. Ils peuvent établir des partenariats privilégiés avec les ESH existantes.

Les **communes**, enfin libres de leurs mouvements et assistées par la région et l'État sur une base contractuelle générale, ont quant à elles vocation à assurer l'osmose progressive entre le logement social et le logement en général en jouant sur tous les registres.

Mais leur rôle est essentiellement lié à l'initiative que leur donne l'urbanisme. Ce n'est pas celui de porteur de projet et c'est pourquoi il faut éviter de les impliquer financièrement au - delà de participations symboliques. Sans quoi, c'est punir financièrement et politiquement les maires qui font, et récompenser ceux qui ne font pas.

Amélioration constante de la qualité du patrimoine et surtout de son entretien, intégration par l'urbanisme (un bureau-conseil régional - en Ile-de-France un service spécialisé de l'IAURIF ou des CAUE - pourrait les y aider), contrôle de la politique d'expulsions des bailleurs pour revenir à des critères vraiment sociaux, dosage entre l'accession et le locatif, avantages collatéraux raisonnables permettant aux jeunes travailleurs et étudiants de se loger plus facilement, que de chantiers à mener pour optimiser tout cela !

LES OPÉRATEURS ET LEURS FUTURES MISSIONS

Après les acteurs territoriaux, il y a aussi, justement, « ceux qui font » : le mouvement HLM et sa troupe : ESH, offices d'HLM, OPAC et coopératives, associations pour le logement et organismes spécialisés. Comment leur rôle pourrait-il évoluer ?

Nous défendons le principe d'une spécialisation des groupes HLM.

Tout d'abord, il paraît incohérent de chercher à privatiser de véritables services publics ou stratégiques dans le cadre européen ou « mondialisant » comme la Poste, le transport public ou les télécommunications, alors que, dans le même temps, on accepte toujours sans sourciller l'idée qu'il doit exister en France pour construire et administrer des logements de véritables administrations, les Offices, à direction mixte politique et professionnelle.
En quoi est-il nécessaire d'employer du personnel à statut pour faire un métier qui n'a plus de nos jours plus grand' chose de régalien, c'est ce que l'on peut se demander.

La réponse à cette interrogation est simple. Il s'agit là d'un témoin supplémentaire de l'existence d'un système dépassé et d'une conséquence de l'intégration verticale du secteur (Financement + construction + administration et gestion du logement locatif). Une évolution est donc nécessaire dans ce domaine.
Plus largement, la pratique de deux métiers par les mêmes organisations, qu'il s'agisse des Offices ou des ESH, devrait être progressivement découragée, dans la logique d'une réforme globale tournée une relance démocratique de l'accession.

Maintenir le cadre de travail du secteur logement en l'état conduit à perpétuer un système boiteux, où l'État ne voit plus trop

ce qu'il finance réellement et le contrôle encore moins, alors que la finance disponible se raréfie.
Plus il y a de ministres et de cabinets officiels ou parallèles, moins il se fait (proportionnellement) de logements. Il est donc devenu indispensable de donner à ceux que l'on appelle aujourd'hui de façon révélatrice les « bailleurs », l'opportunité de choisir leur vocation principale et de faire évoluer leur image en conséquence : constructeur de logements ou bailleur locatif.

Certes, quelques organismes sont parvenus, grâce à leur professionnalisme, à réussir dans les deux métiers. Cela n'en rend pas moins la conception générale du système insuffisamment opérante et son rendement incompatible dans la durée avec les moyens financiers que l'État peut aujourd'hui consacrer à ce secteur. C'est un peu comme si l'on disait que, parce que le colonel balaie plus efficacement la place d'armes que le gradé de base, il n'a qu'à désormais se charger la propreté de la caserne et que c'est là une excellente idée !

La relance de l'accession sociale est elle aussi devenue indispensable, tout le monde s'en rend plus ou moins compte aujourd'hui et plastronne souvent à propos de mesures inefficaces ou même allant dans le mauvais sens.
L'idée qui sous-tend l'accession sociale, c'est-à-dire de doper grâce à une aide publique directe ou indirecte la construction privée au bénéfice d'accédants financièrement modestes, n'est évidemment pas nouvelle. Pour des raisons culturelles, elle est généralisée dans certains pays d'Europe, en particulier en Europe méridionale et elle a connu, là aussi sous des formes diverses, un large succès à certaines périodes en Europe Centrale ou Occidentale.

Un système a connu un large succès en RFA, par exemple, celui des BauSparkassen des années glorieuses de l'après-guerre. Au prix d'un effort personnel important, dans un contexte de développement économique rapide, il a permis à de nombreux Allemands d'accéder à un bien durable de qualité et a contribué au développement économique.

Inversement, en France, la tentation de faire vite, de tout standardiser (toujours ce préjugé social tenace à l'égard des classes financièrement les moins favorisées, destinées à être tenues en lisière !) a conduit à des résultats beaucoup moins probants (Chalandonnettes, ventes de logements HLM à leurs occupants) dont on a naturellement tiré des conclusions négatives, aussi hâtives que discutables.

L'accession présente, on l'a vu, des avantages irremplaçables et elle est beaucoup mieux adaptée à l'économie de marché (et jusque récemment « mondialisante ») que les systèmes fondés sur des économies fermées, de plus en plus battus en brèche par une Union Européenne de tendance libérale et semble-t-il destinée à le rester.

Il conviendrait donc de redéployer une partie des moyens consacrés au logement locatif le plus élevé en gamme vers l'accession sociale, notamment par une augmentation significative des prêts fortement bonifiés, qui devraient participer plus nettement au financement des projets individuels manquant de ressources propres. Cette tendance est amorcée. Perdurera-t-elle ou sera-t-elle à nouveau interrompue pour des raisons idéologiques ou financières ?

LES CONDITIONS DE LA RÉUSSITE DE L'ACCESSION SOCIALE

Celle-ci présente aussi des inconvénients qu'il s'agit d'anticiper et de combattre en prenant quelques précautions.

La première d'entre elles est d'**éviter l'extrémisme** : il convient de ne pas, tout au moins dans une première approche, vouloir pousser l'idée d'accession jusqu' à ses limites. Ce serait le cas s'il fallait en ouvrir la possibilité à un public aux moyens financiers insuffisants.
En effet, une population insuffisamment avertie peut, dans la prise en compte de ses possibilités financières, sous-estimer l'effet des charges liées à la propriété et risquer le surendettement. **De là à prétendre, comme on l'entend trop souvent dire actuellement, qu'il vaut mieux priver tout le monde d'accession sous prétexte**

qu'il pourrait y en avoir trop, il y a de la marge, beaucoup de marge.

Autre précaution : accepter l'idée que **la revente de patrimoine HLM ancien n'a rien à voir avec de l'accession sociale**, sauf dans le cas des zones à très forte densité de logement social mais alors il y a d'autres problèmes à résoudre… Il est essentiel, on l'a déjà évoqué, qu'un bien acquis en accession soit fongible et « liquide », surtout pour un épargnant modeste.
En effet, pour ce dernier, la sécurité constituée par la fongibilité, c'est-à-dire la possibilité de revente du bien en cas de nécessité est essentielle. Cependant, il existe des moyens de parer à ce problème.

Les organismes bailleurs pourraient, bien loin de vouloir se séparer de leur patrimoine, constituer un marché de sécurité en se portant, à l'occasion acheteurs sur des appartements ou des maisons dont l'acquéreur n'arrive plus à assumer le financement. On constituerait ainsi un filet de sécurité pour les épargnants ayant présumé de leurs forces financières ou victimes d'aléas imprévisibles mais on faciliterait aussi la prise des risques financiers par les prêteurs. Le système français de prise de garanties réelles est en effet beaucoup plus lourd que ses équivalents germaniques ou anglo-saxons (sauf en Alsace-Lorraine !).

Mais la véritable raison qui milite pour une authentique accession sociale, c'est qu'une copropriété alliant des bailleurs sociaux (pour la partie non vendue d'un immeuble) et les particuliers qui ont acheté une partie des appartements, est dans les faits ingérable.

Il faut enfin se montrer exigeant sur la qualité de construction et sur l'urbanisme. C'est tout à fait possible, tout au moins pour ce qui est des constructeurs HLM actuels, qui ont atteint des niveaux de qualité remarquables. Rien n'empêche, pour les promoteurs privés qui souhaiteraient travailler dans cette direction, de contractualiser des normes d'éligibilité technique au système : **il s'agit de faire en sorte que le logement social, loin d'être**

considéré comme inférieur en qualité, se trouve au contraire valorisé et en demande dans le marché comme d'anciennes HBM.

Les programmes mixtes actuellement développés constituent sans doute une avancée mais nous restons quant à nous convaincus que l'urbanisme et la mixité sociale ne doivent se faire ni à la parcelle, ni à l'immeuble. Améliorons par la formation des élus, par le contrôle global (et pas exclusivement financier) des opérations. Aidons le SDRIF à vivre et à s'affirmer grâce à des programmes globaux type NQU (Nouveaux Quartiers Urbains, appellation régionale) et cessons de vivre le monde du logement aidé comme un État dans l'État, qu'il s'agisse de la structure du peuplement ou du montage des opérations : c'est au pianiste de maîtriser son instrument, non au piano de diriger le pianiste.

La quatrième, c'est d'envisager pour l'accédant des charges financières d'une toute autre nature que celles pratiquées actuellement. La charge financière mensuelle ne devrait pas excéder 25% des ressources du ménage car la propension à consommer des ménages à revenus faibles est forte et il convient de réserver une certaine souplesse au compte d'épargne. C'est a priori possible, compte tenu du bas niveau des taux longs du marché et à condition que l'État réserve une large partie de son effort actuel de financement à subventionner les taux ou - ce qui serait peut-être plus économique - à garantir des taux de financement maximum.

Pour cela, **la durée est un facteur essentiel**. Il s'agit en effet, non pas seulement de relancer l'épargne-logement classique, mais de **créer un véritable produit nouveau**, impliquant des durées de financement de l'ordre de 25 à 30 ans, construit sur des liens forts avec le marché privé (coordination technique avec les promoteurs, normes de qualité, fongibilité, durabilité) où il retournera à terme, lorsque l'accédant le revendra pour améliorer encore le niveau de son patrimoine immobilier ou en fonction de l'évolution de ses besoins sociaux.
Ce produit doit être soutenu par l'hypothèque, des prêts locatifs longs de la CDC et un apport personnel (ou PTZ court) de 10%.

UNE AUTRE VISION DE L'HABITANT

Le changement viendra d'une nouvelle vision du choix du logement et du financement. C'est la **confiance** et non la défiance par rapport au candidat au logement qui doit prévaloir. Qu'on ne nous réponde pas à qu'aux États-Unis, cela a provoqué des catastrophes car les choses sont très différentes et le degré d'implication n'est pas le même non plus : le logement est ici collectif, très encadré, dans un environnement peu mobile, avec des valeurs patrimoniales différentes et un droit différent. Les opérateurs sont eux aussi potentiellement différents.

Enfin, **il ne s'agit pas de généraliser brutalement l'accession mais simplement de lui donner nettement plus d'espace qu'aujourd'hui, non en appauvrissant le secteur locatif mais créant un secteur nouveau, accessible (c'est le cas de le dire) à celles et ceux qui ne veulent plus du locatif et qui ont les moyens d'accéder économiquement.**

La méfiance fondamentaliste du système vis-à-vis du citoyen, héritée de la vision de tuteur des grands patrons "sociaux" du début du siècle passé, n'a plus lieu d'être et sur le fond elle doit se voir substituer une autre attitude. Et d'ailleurs, si l'on juge sur pièces, certains dirigeants de banques ou de grandes entreprises méritent-ils davantage de confiance que l'épargnant qui veut se loger durablement et s'implique à fond dans cette démarche ? Prendre des risques lourds mais mesurés et socialement utiles serait condamnable pour un particulier ? Mais prendre des risques insensés, néfastes et hors du métier serait louable et à ce titre garantissable par le contribuable car ce sont de hauts dirigeants qui s'y complaisent ?
Il ne s'agit pas ici de faire de la démagogie mais bien de peser en milliards d'euros le côté irresponsable d'un système qu'objectivement nous faisons tout pour garder en place, au prix de la souffrance de centaines de milliers de gens.

Bien évidemment, il existe aujourd'hui les prêts à taux zéro, mais ils ne couvrent en volume qu'une infime proportion du marché, ils sont beaucoup trop courts et trop faibles en proportion

des efforts nécessaires. Ceux qui y voient une panacée n'ont sans doute pas saisi que développer un tel produit revient à une gageure. Soit l'on prévoit un effort budgétaire par l'État totalement irréaliste dans le contexte actuel, soit on en limite le bénéfice à une proportion infime des accédants, ce qui par hypothèse est le contraire du but recherché.
Les PTZ sont en fait un budget de « coup de pouce » permettant aux accédants, faisant généralement partie (financièrement parlant) des classes moyennes qui ont déjà réalisé l'essentiel de l'effort financier nécessaire.
C'est pourquoi ce dispositif, quoique utile et donc à maintenir, ne peut avoir qu'un effet complémentaire et marginal sur une politique générale indispensable à la résolution d'un problème beaucoup plus large.

UNE RÉVOLUTION TRANQUILLE DU FINANCEMENT

Enfin, dans ce domaine comme dans d'autres, il faut **être raisonnable et planifier** car dans les faits, il sera impossible de passer brutalement d'un système axé sur le tout - locatif à un système mixte impliquant, pendant une vingtaine d'années voire davantage, une priorité donnée à l'accession, pour rechercher un nouvel équilibre social et financier.

La stratégie financière reste un élément essentiel d'une évolution favorable du système.
Or, à l'heure actuelle, la philosophie financière qui règne dans le système HLM est de nature essentiellement administrative.

On désigne en effet un logement social locatif par le type de financement spécialisé qui lui est affecté (c'est un peu comme si, dans le secteur privé, on qualifiait un immeuble ou un bien d'investissement en fonction des conditions du banquier). C'est exactement comme pour l'ancien revenu minimum d'insertion, pour l'attribution duquel on « traitait » ensemble des catégories d'attributaires qui n'ont rien à voir les uns avec les autres et qui n'ont pas les mêmes problèmes, sous prétexte qu'ils bénéficient de la même allocation. Attendons pour voir si le RSA aura révolutionné la situation…

Cette conception d'essence administrative est antinomique de la solution par l'adaptation souple à un marché, la seule durablement efficace dans le contexte actuel et futur.
Elle mécanise l'État et ses partenaires du logement social administré dans une dialectique insoluble dans laquelle le subventionné consacre, souvent sans même s'en rendre compte, proportionnellement de plus en plus de moyens à la gestion de sa mission et de moins en moins à sa mission elle-même. Pendant ce temps, le subventionneur, pour des raisons politiques ou autres, souhaite subventionner de moins en moins. L'équilibre risque de se faire là où le rendement administratif se rapproche de zéro, comme la réforme de l'État en donne un assez bon exemple à l'heure actuelle.

Ainsi s'explique très largement le maintien de l'aide à la pierre, à laquelle on pourrait fort bien substituer les aides personnalisées.

Au total, il n'y a là aucune stratégie réelle. On ne mobilise pas de l'argent en vue d'un objectif planifié, avec une évaluation permanente du rapport entre ressources et résultats, on gère des fonds d'origines diverses sur une base administrative et sédimentaire.
Or, dans la ligne définie précédemment, il s'agit avant tout de développer maintenant une véritable **stratégie.**

Celle-ci consisterait tout d'abord à simplifier et à clarifier l'évaluation globale des moyens financiers consacrés par le système (État + Entreprises + Institutionnels + Collectivités territoriales – ressources parafiscales ou fiscales prélevées par l'État) au logement aidé quelle qu'en soit la nature et à publier ce bilan.
Il y a lieu également d'évaluer les ressources humaines consacrées à cette mission globale par le système (État + Offices + ESH + CIL + collectivités territoriales). L'ordre de grandeur devrait en être de

l'ordre de 26 milliards d'euros, ce qui n'est tout de même pas rien. En regard de quels résultats ?
Il s'agit ensuite, ce qui est un exercice en principe classique, de mettre sur pied un certain nombre de modèles basés, eux, sur un système (État + Institutionnels élargis à l'ensemble des banques de dépôt + Entreprises sur la base du 1% complet + somme générale des apports personnels raisonnables de X centaines de milliers d'accédants potentiels, lissée dans la durée).

Des variables peuvent être ensuite introduites. Parmi celles-ci, les taux des emprunts les plus longs du marché voire un emprunt spécifique de l'État français ou même, pourquoi pas, de plusieurs états européens. De telles ressources pourraient en effet être mobilisées en vue de la constitution d'une Caisse unique en euros. Cette caisse pourrait être destinée à l'accompagnement dans la durée de crédits à 35 ans aux particuliers, à la sécurisation des emprunts faits par les ESH ou les Offices en vue de la constitution d'un marché secondaire de l'accession, enfin aux opérations d'assurance et, pourquoi pas, d'un Livre Foncier Européen afin d'y enregistrer les opérations immobilières effectuées par les accédants.

Reste, dans un troisième temps, à **fonder l'équilibre locatif/accession** sans se laisser impressionner par l'effet d'inertie du système actuel. **Celui-ci n'est pas sans mérites mais il est clairement devenu obsolète par rapport aux besoins et surtout devenu, à l'échelle de l'Europe d'ailleurs et non seulement de la France, producteur de non intégration, donc d'insécurité alors que sa finalité est, précisément, d'intégrer.**
Souvenons-nous en, c'est précisément le fait d'isoler définitivement une classe sociale dans un parc immobilier spécifique qui est très largement à la base du problème, en empêchant la fluidité sociale du logement.

Dans cette perspective les ESH, qui de toute façon devront évoluer dans le cadre européen, ont tout intérêt à prendre conscience, dans la mesure où elles ne l'ont pas déjà fait, qu'elles constituent aux yeux d'investisseurs étrangers un « risque » en tous cas bien meilleur que d'autres que les marchés acceptent allègrement.

Actives sur un territoire européen sans aléas politiques sérieux, dans un secteur non cyclique, avec des revenus logiquement en hausse à terme, et disposant d'un patrimoine foncier très solide et souvent diversifié générateur de revenus réguliers, ces entreprises constituent même, potentiellement, une cible pour un placement financier raisonnable.

Que veut-on de plus, dans la conjoncture actuelle, pour se protéger des risques boursiers et pourquoi priver des investisseurs, à commencer par les épargnants français eux-mêmes, d'une telle opportunité même faiblement rémunérée ? Pourquoi obliger l'État, c'est-à-dire le contribuable, à fournir aux ESH des moyens qu'elles pourraient elles-mêmes se procurer ? Et si la réglementation prévoit que le patrimoine des ESH n'est mobilisable qu'après remboursement des emprunts, qu'est-ce qui empêche de rembourser ceux-ci anticipativement ? Bien des prêteurs institutionnels se satisferaient d'un risque aussi limité.

Des ouvertures de capital, des emprunts obligataires assis sur le patrimoine foncier pourraient ici être envisagés, non dans un but de privatisation idéologique mais pour élargir un véritable partenariat. **On voit clairement qu'en mobilisant de façon beaucoup plus large et beaucoup plus profonde qu'aujourd'hui les ressources financières disponibles, il doit être possible de donner un véritable coup de fouet à l'accession sociale,** permettant à des centaines de milliers de ménages d'accéder sur un espace élargi à des produits de qualité, conventionnés et avec un « filet » efficace de rattrapage constitué par un second marché alliant des techniques financières et d'assurance.

C'est aux entreprises et aux citoyens, à commencer par les locataires et accédants sociaux eux–mêmes qu'il faut faire faire appel, afin de concilier deux principes fondamentaux de notre société : liberté et solidarité.

OÙ L'HABITANT PREND EN MAIN SON PROPRE DESTIN...

Même si l'on continue presque instinctivement à raisonner sur le principe à notre avis contestable ou tout au moins révisable de l'existence d'une intégration verticale des deux métiers de constructeur et de bailleur, héritée peut-être de l'ancien patrimoine d'usine, une chose est certaine : il s'agit de restaurer un cercle vertueux

<u>Sécurité => confiance => investissement</u>

On ne développera pas la construction en pénalisant les bailleurs/constructeurs, l'intérêt du locataire comme de l'accédant c'est le développement de l'Offre. C'est à la société d'apporter aux locataires et « accédants sociaux » le complément de ressources pour solvabiliser cette offre.

<u>De fait, c'est le rôle d'un usager devenu véritable acteur de son destin, qui constitue probablement un point-clé d'une sortie par le haut de l'impasse actuelle.</u>
Il faut bien reconnaître qu'en France **l'usager** du logement aidé - c'est à dessein que nous ne parlons point de locataire - est très généralement le grand oublié du système actuel.
Les grandes associations de locataires de l'après-guerre, dont l'action n'a pas toujours pesé positivement, il faut bien le dire, sur le cours des choses, ont largement perdu de leur influence. Aujourd'hui, dans le secteur locatif, ce sont des associations locales qui ont largement la main pour se battre, dans la majorité des cas, contre les augmentations de loyers et pour l'amélioration des conditions de vie, ce qui est parfois quelque peu contradictoire !

Il serait hautement souhaitable qu'aussi bien dans le cas de l'accession que dans celui de la location, les usagers puissent à nouveau être de véritables acteurs dans la partie qui se joue et dont l'enjeu est l'accès à un logement pérenne et privatif pour une proportion beaucoup plus large de la population.

Dans le premier cas cela va de soi puisque les primo accédants peuvent apporter et apportent déjà, dans les faits, une partie du capital nécessaire.
Dans le second, par contre, ils pourraient là aussi apporter une participation essentielle en s'associant au capital des entreprises de construction et de location sociale.

Bien des formules sont envisageables à cette fin : consolidation d'une faible proportion des loyers en parts de coopérateurs HLM ou actions d'ESH, associée à des droits spécifiques par exemple, livret d'épargne spécifique voire préparation d'un logement-retraite. Bien entendu, les statuts coopératifs doivent être assortis d'une souplesse suffisante mais il y a fort à parier qu'une large clientèle pourrait être fidélisée sur des sujets aussi porteurs que le logement, son environnement et son confort.

Pourquoi priver les entreprises d'un apport financier essentiel qui, face à une réglementation européenne de plus en plus libérale, leur donnera un statut attractif et dynamique mais ne freine pas pour autant l'indispensable mouvement tectonique qui seul peut permettre à l'immense foule des mal logés de trouver enfin le havre tant recherché ?
Pourquoi priver en même temps la population financièrement modeste de possibilités d'investissement moins risquées et plus utiles, qui ouvriraient à l'économie sociale et solidaire de nouvelles perspectives ?

Faut-il encore, en ce début de XXIème siècle, attendre ici tout d'un État qui peine déjà à assumer des missions régaliennes pourtant si nécessaires et chez qui le maître-mot « économies » justifie des coupes claires ou des décimations faites sans véritable réflexion ensemble sur le périmètre et le sens de l'action publique.

La présence de l'usager s'entend aussi en tant qu'utilisateur et client d'un environnement mieux structuré et non géré sur une base minimaliste.
Pourquoi nos Offices et nos ESH n'investiraient-ils pas, soit en micro sociétés filiales, soit en micro- Sociétés d'Économie Mixte, dans de nombreux services collatéraux, générateurs

d'emploi et équilibrant le caractère aujourd'hui parfois très concentrationnaire de leur patrimoine ?

De nombreux exemples sont à suivre, en particulier aux Pays-Bas (où tout n'est pas parfait bien sûr) : création de crèches, de parcs sportifs, entretien décentralisé des espaces verts, petit entretien, services aux personnes âgées. Ne manquons pas d'idées pour donner des bailleurs sociaux une autre image que celle du gardien encaisseur de loyers ou du chiche entretien d'ascenseurs tagués et d'escaliers pisseux.

Tout en évoluant vers la disparition d'un logement social typé, humanisons celui qui existe et **créons la solidarité de l'intérieur**, bien plus efficace qu'une illusoire et partielle mixité des populations fondée sur les disparités de revenu ou, pire encore, d'origine ou statut social. Souvenons-nous que dans ce domaine, l'immobilisme est, à terme parfois très court, synonyme de communautarisme et d'enclenchement de spirales vicieuses.

Dans chaque type de structure, l'intervention de l'usager, seul ou en association, est possible. Encore faut-il lui proposer des formules structurées, attractives, qui ne se bornent pas à des débats austères dans une salle de réunion un peu glauque ! Nous avons ici parlé des usagers, personnes physiques. N'oublions pas les entreprises, qui figurent certes au tour de table des CIL et de certains groupes HLM mais qu'on n'écoute peu voire pas du tout.

Il faut dire aussi que les préoccupations de bien des dirigeants d'entreprise actuels vont davantage à la reconquête de la « flexibilité » et au dialogue avec la droite ou la social - démocratie qu'à la recherche d'une entreprise qui soit vraiment une aventure collective intégrant, à ce titre, la sécurisation d'un confort de vie minimum pour tous ses membres. Peut-être faut-il y voir, outre le poids de cursus de plus en plus technocratiques, l'influence qu'on sur eux des actionnariats déshumanisés, avides de revendre leurs parts dès qu'ils les ont acquises et dépourvus d'idéologie familiale ou de culture d'une entreprise durable.

L'évolution du "1%" est un exemple typique de ce qu'on n'aurait jamais dû laisser faire et la responsabilité en pèse sur les gouvernements bien sûr, mais aussi sur les partenaires sociaux.

OÙ L'ON RETROUVE L'URBANISME ET LA SOCIÉTÉ...

Les mesures concrètes à prendre devraient aussi inclure la prise en compte efficace des nouveaux besoins sociaux. Le système actuel, qui a aussi des mérites, permet d'utiliser quoique de façon relativement marginale le système de financement réservé au logement social pour différents types de construction spécialisée. On peut inclure dans cette rubrique les résidences pour personnes âgées (type EDILYS par exemple), les établissements médicalisés, les foyers pour handicapés (le groupe HLM Moulin Vert s'en est fait une spécialité), le logements pour étudiants et/ou jeunes travailleurs, les logements réservés ou *de facto* réservés aux fonctionnaires ou à même certaines catégories de fonctionnaires (tiens, où est donc passée la mixité sociale ?), les foyers d'accueil (type SONACOTRA), le logements pour les plus défavorisés (La Mie de Pain) ou familles en difficulté (Habitat et Humanisme, SNL). Tout cela n'est naturellement pas exhaustif.

Il est d'ailleurs intéressant de constater que, lorsqu'il s'agit de besoins spécifiques et non quantitatifs, avec une gestion le plus souvent associative, le système fonctionne plutôt bien, sous réserve de la satisfaction quantitative et qualitative des besoins qui, elle, n'est pas assurée.

Mais de nouveaux défis apparaissent, particulièrement dans les zones les plus urbaines.
Les **jeunes** sont parmi les plus mal lotis. Ils galèrent pour trouver un logement indépendant.

Il a ceux qui ont du mal à étudier dans des appartements bruyants et surchargés.

Il y a aussi, et ils sont bien mal traités par les critères actuels, ceux qui acceptant de travailler, de nourrir une famille sans créer d'ennuis, de payer des impôts, de perdre des avantages sociaux comme le RSA et de résister à la tentation du travail au noir, n'arrivent pas à trouver une location raisonnable.

Il y a enfin ceux qui venant d'un contexte très différent en province, se voient brutalement exposés à des charges et à des problèmes de transport beaucoup plus lourds, même si c'est en échange d'un emploi.
Qu'en sera-t-il aussi des nouvelles générations de personnes âgées, qui risquent de voir deux générations de vieillards cohabiter, avec des retraites insuffisantes, dans un contexte où le système social a tout misé sur le maintien à domicile ?
Les nouveaux immigrants d'une Europe en « repérimétrage » qui s'ouvre de gré ou de force aux flux migratoires internes et externes ne vont pas tarder à exiger, eux aussi, leur droit au logement et ils auront raison.

Pour répondre à ces défis, il convient de redonner à l'appareil du logement social un maximum de flexibilité. Engoncé aujourd'hui dans un encadrement souvent paralysant et ne bénéficiant pas d'un soutien politique suffisant au-delà des mots car il existe encore un consensus objectif de parlementaires de tous bords, sur lesquels pèsent des préjugés et des forces, pour ne rien changer de fondamental, notre système se révèle incapable de monter en puissance suffisamment pour répondre à des besoins qui, en zones de tension, explosent.

Il paraît donc souhaitable qu'au niveau régional apparaissent, peut-être à la suite des Offices ou sous forme de SEM associant partenaires publics et privés, des entités autonomes et spécialisées, utilisant le fameux droit à l'expérimentation et bénéficiant à la fois d'une décentralisation des aides publiques et d'une partie régionalisée du 1%.

Des équipes ramassées de juristes, de financiers et de constructeurs sont à mettre en place pour construire vite et bien, en accession ou en locatif, de nouveaux logements.
Ce qui est nous semble-t-il essentiel, c'est de bien étudier le montage financier par rapport à l'habitant car c'est lui, beaucoup

plus que l'habitat lui-même, qui va déterminer la qualité d'insertion sociale.

Crédits très longs pour les nouveaux immigrants (ne refaisons pas les mêmes erreurs qu'avec leurs prédécesseurs), formule de propriété limitée aux 15 dernières années de vie pour les personnes âgées, logement locatif directement payé par les prestations sociales pour les étudiants, récupération des maisons abandonnées par les collectivités locales pour les mal logés, recours à la construction modulaire moderne conciliant rapidité de mise en œuvre et confort, sont des formules à explorer activement sans se laisser endormir par la routine, les habitudes intellectuelles ou les tabous.

ON RÉCAPITULE

Groupe I	Mieux qualifier la demande
Groupe II	Travailler l'offre (circulation du stock locatif et production)
Groupe III	Mieux articuler le système
Groupe IV	Mieux gérer l'existant
Groupe V	Quelques idées en plus

GROUPE I : MIEUX QUALIFIER LA DEMANDE

- Ne prendre en compte dans le secteur aidé que la demande légitime susceptible d'être un jour satisfaite et réorienter si besoin est vers le secteur privé l'excès de cette demande. En d'autres termes, **réajuster à la baisse les plafonds de ressources** (cf. tableau Annexe 2) afin d'éviter de faire perdurer la situation actuelle qui donne objectivement une priorité aux revenus les plus élevés (même s'ils restent relativement modestes). La loi MOLL a baissé les plafonds de 10% mais c'est sans doute insuffisant.

- Suppression progressive du SLS, remplacé par une résiliation avec délai de préavis du bail pour les locataires dépassant notablement les plafonds ou ne répondant pas aux conditions d'occupation.

- Revoir le triptyque « plafonds de ressources/niveau des loyers/aides à la personne » car les pouvoirs publics ont eu tendance à augmenter les plafonds de ressources et diminuer les barèmes APL. Après des années de fonctionnement mécanique du système, les plafonds de ressources se retrouvent parfois trop élevés, parfois trop bas par rapport à la clientèle recherchée. Résultat : certains appartements restent durablement inoccupés du fait d'un loyer fixé trop haut par rapport à leur situation et à la clientèle susceptible de l'accepter !

- Rechercher avec le secteur privé (constructeur ou financier) les moyens, par une baisse relative des prix d'une offre plus compétitive, de réorienter vers lui, en accession ou en locatif, la demande la plus solvable. Il faut éviter au maximum de cloisonner entre le logement aidé et le logement privé, entre le logement en accession et le logement locatif, entre le logement fixe et l'habitat temporaire.

o Rechercher une amélioration des procédures et des aides pour les programmes mixtes permettant de réorienter vers eux une demande latente, y compris de la part de locataires en place

o **Introduire la proportionnalité entre les revenus et les loyers,** comme cela se fait depuis longtemps dans certains pays. Dans cette formule, les loyers ne doivent plus être fixés en fonction de l'objet loué mais des capacités financières du locataire.

Dès lors, on peut en attendre une plus grande fongibilité de la demande, qui se porterait sur des objets plus en rapport avec les capacités du demandeur de logement. Cette mesure doit être introduite pour les nouveaux entrants mais aussi, progressivement pour les autres, au fur et à mesure du contrôle périodique de ressources et d'occupation : une mesure élémentaire d'équité entre locataires du parc HLM.

GROUPE II : TRAVAILLER L'OFFRE

o Dans ces conditions, afin d'obtenir un appel d'air significatif du côté de l'offre, il semble aujourd'hui nécessaire de faire, dans un premier temps, évoluer le droit au maintien dans les lieux vers un droit au maintien dans les lieux **à l'intérieur du parc social** au sens large.

o Dans un deuxième temps, revenir (comme cela se pratique d'ailleurs tout-à-fait normalement dans d'autres pays européens), au principe de baux triennaux renouvelables par tacite reconduction. A l'arrivée de l'échéance de dénonciation du bail par le bailleur, la situation du locataire par rapport aux plafonds **et aux conditions d'occupation** serait réexaminée.

Bien évidemment, si les conditions de revenu sont toujours remplies avec une actualisation raisonnable et qu'aucune procédure

judiciaire pour troubles graves à l'ordre public n'est enregistrée, **le bail sera renouvelé**.
Dans le cas inverse, un délai raisonnable mais non extensible de l'ordre d'un an, permettrait au locataire de retrouver un logement dans un type de logement HLM à loyer plus élevé (droit au maintien dans le parc aidé), dans le marché libre ou encore via l'accession sociale.

On constate ici qu'une indexation des loyers sur les revenus (voir ci-dessus) simplifierait considérablement les affaires mais serait tout de même compatible avec le système des baux de droit commun.

o Une application sans faiblesse de la loi SRU et sans que des compensations financières puissent permettre à certaines communes - assez rares d'ailleurs- d'éviter de s'acquitter de leur devoir de solidarité dans un délai raisonnable, paraît nécessaire si l'on ne veut pas vider le discours officiel sur le logement social de toute signification.

o Cette application doit, cela va sans dire, aller de pair avec **l'interdiction des mesures de déconventionnement, qui elles aussi vident la loi de tout sens.** Comment peut-on en effet laisser certains groupes qui, dès leur origine et grâce à un statut particulier, ont pour mission de doter la nation d'investissements dont elle a besoin et en particulier d'un parc de logements aidés, dériver vers une vision de profit à court terme ?
Et ce, qui plus est, quand le déconventionnement a pour conséquence une évolution négative de la commune d'accueil face au respect de la loi SRU, alors qu'elle ne peut s'y opposer ?

o A l'inverse, motiver les élus volontaires par une aide appropriée de l'État à leurs communes, au titre d'un abondement en DGF par exemple ou en favorisant toute politique volontariste par un chapitre spécial du CPER qui viendrait soutenir dans la durée les investissements des « bonnes » communes, serait sans doute une bonne idée.

A l'échelon départemental, il existe déjà d'ailleurs des initiatives de ce type : les CDOR (Contrats de Développement de l'Offre Résidentielle) proposant une **aide pour l'aménagement des espaces** autour d'un lotissement social ou en accession (2005/2006). On obtient ainsi une meilleure adaptation des futurs équipements supplémentaires y afférents.

o Le versement d'une enveloppe de l'État aux EPCI dans le cadre de leur PLH, dont l'existence est un avantage, serait également une idée intéressante. Il faut aussi définir des périmètres d'agglomération.

Un étalement de l'effort de construction sur l'ensemble de la Région est en effet nécessaire, même s'il peut être nuancé dans sa typologie. Plutôt que de parler de « densification des zones pavillonnaires » comme le fait le SDRIF, ce qui ne peut que galvaniser certaines résistances, mieux vaut sans doute parler d'un « aménagement de l'espace », car il existe de nombreuses propositions dans ce domaine.

o La densification de zones de type déjà urbain semble par contre inévitable, à condition qu'elle le soit de façon qualitative bien sûr. La refuser, c'est demander aux financeurs des efforts immenses, forcément très longs à mettre en œuvre avec des dommages collatéraux à l'environnement.
C'est surtout punir par des délais de transports stressants et des coûts élevés la partie la moins favorisée et la plus nombreuse de la population.

o l'État et ses organismes associés pourraient, au lieu de céder les emprises dont ils disposent, les mettre à bail à des entités adéquates sous condition de réalisation de logements. C'est plus simple qu'un dispositif compliqué où l'on finit par financer avec l'argent du contribuable des agences foncières pour racheter aux entités publiques ou parastatales, à des prix de marché, leur foncier en vue d'une utilisation d'intérêt collectif ! A quoi sert d'immobiliser des fonds propres et de compliquer les circuits pour une tâche d'intérêt général ?

En effet, la réévaluation incessante des estimations opérée, au nom d'un principe par ailleurs recevable, par les services des Domaines ne facilite guère la tâche des élus car elle se traduit par une réévaluation parallèle du coût d'opérations dont la nature même fait qu'elles s'étalent sur plusieurs années, donc par un coût accru du financement des charges ou surcharges foncières et/ou de la TPLD lorsqu'il en existe.
Il faut donc réhabiliter le principe des ZAD et indemniser les municipalités bâtisseuses, qui prennent le plus de risques financiers et politiques.

- Inciter à construire en améliorant l'image de marque du logement aidé.

S'imaginer que l'on pourrait contraindre des élus que ni leur électorat ni leurs convictions ne motivent, à construire « social » à la mesure de l'intensité du problème, paraît peu réaliste dans le contexte actuel. Dès lors, continuer à **travailler l'image de marque du logement aidé, en poursuivant les efforts de ces dernières années,** est capital.
Pour cela, des mesures comme l'évolution du droit au maintien dans les lieux, un contrôle accru de l'état d'entretien du patrimoine, la remise aux élus de l'essentiel du pouvoir d'attribution sous-couvert d'un corps d'inspection efficace (voir ci-après) et la capacité qui doit leur être donnée de gérer sur place le « contrat social HLM » sont essentielles.
La densification éventuelle doit donc aller de pair avec la sécurité, la qualité de construction et **surtout celle de la gestion**.

- Une modification de la terminologie du logement social qui pourrait être rebaptisé « logement aidé » ou « conventionné » devrait accompagner cette évolution.

- La création d'une Ecole des élus pour le logement serait peut-être une bonne idée

- En accession sociale, mise sur pied d'un grand dispositif de construction neuve économique individuelle ou collective, permettant à un nombre important de primo - accédants d'obtenir ce qu'ils recherchent c'est-à-dire à céder à la propriété d'un objet

immobilier habitable dans la durée, fongible sur un marché (tout au moins après un certain délai) et dont il soit en mesure d'assurer le coût d'entretien.
Un certain nombre de conditions sont requises : **l'acceptation par les bailleurs de la nécessité d'un tel programme,** le fait **qu'il ne se confonde pas avec la revente d'une partie du patrimoine**; **la mise à disposition de conditions financières alliant la durée et l'économie** avec un système d'assurance pour le parfait paiement des annuités par l'acquéreur ; **la solution au délicat problème de la liberté de revendre dans le marché des logements** ayant bénéficié sous une forme ou sous une autre de l'apport d'argent du contribuable.
Last but not least, s'impose la nécessité que vis-à-vis des règles d'urbanisme ou de financement public, l'accession sociale une fois définie (par exemple au travers d'une décote officielle en % par rapport au prix du marché neuf) soit mise sur le même pied que la construction locative sociale.
Ainsi, pour le remboursement de la TPLD s'il y a lieu, l'intervention des agences foncières, les aides diverses et variées de l'état ou des collectivités territoriales, l'application de la loi SRU. Les deux options doivent aller *pari passu.*
Une modulation appropriée du coefficient d'inventaire SRU donnerait plus de souplesse au système et permettrait d'élargir la palette de logements offerte par les collectivités bâtisseuses.

o La production de logement libre économique doit être relancée en liaison avec les constructeurs du secteur privé, dont c'est le métier de créer une offre économique. Dans ce contexte, ils pourraient bénéficier eux aussi de la mise à bail très long d'emprises significatives.

GROUPE III : MIEUX ARTICULER LE SYSTÈME

o Tout en conservant un cadre national au dispositif d'aide (enveloppes de crédit), mise en place d'une gouvernance logement spécifique à l'Ile-de-France et le cas échéant à d'autres zones en tension sous forme de Syndicat par exemple. Elle aurait pour mission la planification, programmation, définition et l'adaptation des règles gouvernant la production de logement à la réalité francilienne. La signature de conventions spécifiques état - régions permettrait d'harmoniser le dispositif.

o Attribution claire aux élus municipaux ou intercommunaux du pouvoir de gestion sur le domaine communal ou intercommunal (notamment en ce qui concerne la localisation des logements et l'attribution des logements).
En effet, dans l'état actuel des choses, l'**attribution** échappe largement aux maires ou adjoints délégués qui n'ont qu'un droit consultatif en commissions d'attribution. Or, le règlement intérieur de celles-ci, appliqué d'ailleurs de façon variable, n'a pas force de loi et les élus y sont globalement sous - représentés.
Ce renforcement devrait aller de pair avec la mise en place d'un contrôle général, aléatoire et concernant l'ensemble de la gestion du parc aidé, à ne pas confondre avec le travail de la MILOS. (cf. infra)

o Fusion des contingents au bout d'un certaine durée d'existence d'un parc locatif, car l'effet pervers de la proportionnalité entre l'effort financier demandé aux intervenants extérieurs à l'occasion de réhabilitations ou rénovations (faute soi-disant de fonds propres dans le chef des bailleurs) et l'attribution à ceux-ci de nouveaux contingents conduit à faire échapper une part toujours plus grande du pouvoir d'attribution aux élus. Pire encore, il peut y avoir dé - conventionnement sans que les élus soient consultés !

o Examen, au travers d'études appropriées, de l'idée de distinguer des bailleurs purement **gestionnaires de parc,** des **constructeurs spécialisés** en location et en accession, des bailleurs mixtes et un **bailleur spécialisé sur le logement d'urgence et celui des publics difficilement solvables.**

Sur ce dernier point, en effet, bien des problèmes se posent. Si le financement des logements passerelle, par exemple, peut se faire dans de bonnes conditions, c'est leur **gestion** qui pose généralement problème. Ici aussi, on a le sentiment que le monde HLM a décroché de ce genre de mission comme d'ailleurs de celle consistant à résoudre le problème de l'hébergement : les logiques

financières ont prévalu face aux logiques humaines et les élus restent sans opérateurs disponibles en face d'une responsabilité techniquement difficile et maintenant obligatoire de surcroît (loi DALO).
La nécessité de traitements sociaux appropriés a été fortement soulignée; or ces traitements relèvent essentiellement d'un secteur associatif dont les conditions de financement et parfois aussi de contrôle restent aléatoires.

o S'assurer, au travers d'un corps d'inspection spécialisé, que les offices ou ESH mais aussi les élus répondent bien aux objectifs qui justifient l'aide en argent ou en nature de l'État et des collectivités publiques, que leur politique ne se détourne pas vers des objectifs annexes (solvabilité du parc, spéculation foncière, intérêts des actionnaires privés, favoritisme électoral etc.). Ce corps devrait avoir compétence sur le secteur du 1% logement, domaine protéiforme dont la gouvernance imprécise s'applique à des moyens financiers considérables.

o organiser différemment le contrôle de la performance. Sans doute la mise en place d'un **organisme indépendant de labellisation,** donnant des notes sur un certain nombre de patrimoines (et non de bailleurs) et dont l'intervention pourrait dans certaines conditions être requise par les élus, serait elle une idée intéressante. Une mission externalisée mais bien encadrée est également concevable.

GROUPE IV : MIEUX GÉRER L'EXISTANT

o Le dispositif 1%, s'il retrouve sa vocation et un mode de gestion contrôlé et efficace, offre un potentiel considérable au service de la production de qualité et il est urgent que les élus, aujourd'hui très critiques, y soient associés, en mettant fin au "closed shop" paritaire.
Leurs critiques portent en particulier :
- sur un mode d'attribution qui paraît à beaucoup aberrant et opaque, débouchant souvent sur un parc insuffisamment occupé et déconnecté des nécessités locales de logement, même pour les attributaires « conditionnant » au 1%

- sur le fait qu'un effort financier très important et volontaire des entreprises a largement été détourné vers les caisses de l'État en prenant la forme d'une para-fiscalité

- sur l'injustice de traitement entre les employés de grandes entreprises et ceux des PME/PMI ou artisans indépendants

- sur la délégation des responsabilités de gestion à des syndics privés pratiquant parfois en cas de copropriété des attitudes de blocage néfastes aux intérêts généraux.

Or, c'est dans une bonne gestion du 1% qu'il faut sans doute voir l'une des approches les plus prometteuses pour résoudre le lancinant problème de la part réservée aux « classes moyennes » dans le cas du logement aidé et aussi celui de la "mixité sociale"[4].

Exemples : interconnexion du système d'attribution avec les fichiers 1% locaux, transparence des critères d'attribution, élimination des freins bureaucratiques internes aux entreprises ou aux CIL, élargissement des droits à l'ensemble des salariés.

En effet, autant il est difficilement admissible de privilégier les moins défavorisés dans l'attribution d'une ressource très rare, autant un apport d'argent frais du secteur des entreprises peut légitiment servir aux salariés quel que soit leur niveau de revenus, à obtenir un logement à des conditions économiques. Ce ne serait d'ailleurs qu'un juste retour à l'une des origines du logement social, patronale celle-là. La mixité devient alors elle aussi plus légitime puisqu'il s'agit d'un critère urbanistique de cohabitation et non l'expression de préjugés sociaux (les plus « riches » payent mieux et se comportent mieux ??) dans la concurrence, face aux commissions d'attribution.

o Il est souhaitable de trouver des solutions institutionnelles à des cas particuliers qui finissent par faire masse (cas de divorce,

---

4 **Un résumé brutal serait que les classes moyennes occupent de plus en plus, dans le logement locatif classique, la place des demandeurs les moins favorisés et qu'en restaurant les capacités du 1% ponctionné par Bercy, on pourrait obvier à cette déviance.**

l'un des membres de l'ex-couple ne pouvant plus assumer à court terme un logement en secteur libre ; problème des familles n'ayant plus d'enfants à charge mais ne souhaitant pas quitter un logement social pour autant et ne trouvant pas d'opportunité d'échange).

Se pose également le problème d'une gestion appropriée de diverses situations **d'urgence** comme celles :

- des **familles monoparentales**, avec le problème des pensions alimentaires et des gardes partagées.
La collaboration avec la Justice est probablement une voie intéressante pour éviter de faire subir à tous les conséquences d'une évolution de société sans pour autant abandonner la préoccupation humaine de gérer des situations parfois dramatiques.
- des **familles polygames**, pour lesquelles une harmonisation de la loi de décohabitation (un bail par épouse décohabitante) et du code de l'urbanisme (un bail par famille) est demandée. Le Conseil Général du Val d'Oise aurait prévu un dispositif dans ce cas.
- des **procédures d'expulsion**, où l'autorité préfectorale est légalement obligée de prendre l'avis des services sociaux mais pas toujours celui du maire. La mise en place d'appartements passerelle peut s'avérer nécessaire dans ce cas
- des **impayés de loyer** : il est impératif de trouver des solutions ; quel est en effet le sens - le ministre l'a récemment affirmé - dans le contexte des contingents PDALPD et de la loi DALO, d'expulser du logement aidé des locataires qui redeviendront prioritaires du fait, précisément de leur expulsion ? Et qui plus est, quand l'application du droit au maintien dans les lieux bénéficie à des locataires dépassant les plafonds ou, ce qui est plus grave, auteurs de nuisances graves et répétées dans la commune ?

o **Créer une association *ad hoc* agréée, pour permettre de répondre aux besoins de colocation des jeunes** avec des personnes plus âgées qui restant actuellement en HLM au titre du droit au maintien dans les lieux mais dans des appartements trop grands, qu'elles ne peuvent échanger dans des conditions satisfaisantes ?

o **Revoir la politique menée actuellement quant aux hôtels meublés qu'il est peut-être plus urgent de réquisitionner et de remettre aux normes ou reconstruire plutôt que de se contenter d'obtenir leur fermeture au bénéfice d'opérations immobilières privées et donc de réduire les capacités d'accueil.**

GROUPE V : ET QUELQUES IDÉES EN PLUS !

Aujourd'hui, face à des situations d'urgences qui réclament la construction rapide de logements qui peuvent être rustiques à condition d'offrir un confort minimal et de répondre aux normes, la "réponse" du système consiste essentiellement à **répartir autrement les « contingents » afférents à des constructions en dur** c'est-à-dire en béton pour l'essentiel (Oh ! Le royaume du béton de l'après - guerre). Or, le béton n'est pas une panacée et sur certaines emprises on peut et même on doit construire autrement.

La lourdeur des mécanismes financiers et des procédures d'urbanisme, le manque de foncier disponible et déficit global de construction neuve font que cette réponse - quand elle existe - est beaucoup trop lente par rapport à une demande explosive et la réponse « béton » a une réactivité de quelque 5 ans en moyenne, à supposer qu'elle soit suffisante.

Il convient dès lors de **faire revivre le concept de construction d'urgence (ce qui ne veut pas dire dégradables) et de se libérer autant que possible des contraintes foncières**. Et ce, d'autant plus que les progrès techniques permettent de réaliser des bases vie, mobiles ou non, dans de brefs délais et avec une excellente qualité d'habitation.

Dès lors, il conviendrait de définir de nouvelles normes techniques pour le logement social d'urgence en pensant par exemple.

- à un **logement mobile**, s'appuyant sur le parc SNCF et le patrimoine ferré. Ce type de logement, sur wagons intégrés dans des anciennes gares de triage ou sur des quais désaffectés urbains

ou non, pourrait être adapté en plusieurs versions à différents publics.
Il aurait l'avantage considérable de n'utiliser aucune emprise foncière autre que des voies ou gares désaffectés et non des terrains à proprement parler. Il conviendrait aux jeunes en formation, mais aussi à des publics moins faciles à intégrer. Cela vaudrait en tous cas mieux que les salles d'accueil, les bois, les abris en carton ou les grilles de métro.

- à des « villages d'urgence » de dimensions réduites, de deuxième génération en quelque sorte.
- à des hôtels sociaux type « formule 1 », de construction économique et intégrant une restauration et un accompagnement médical et social.

CONCLUSION

Risquons ici une conclusion en forme de résumé, car un certain nombre d'évolutions sont devenues indispensables et, répétons-le, le fait de retarder l'échéance et de refuser l'obstacle ne pourra que provoquer, à terme assez proche pensons-nous, une crise sociale grave.

Le problème est de taille car dans la conjoncture actuelle il faut se souvenir que l'aide au logement constitue une grande part pour rappel (quelque 26 milliards d'euros !) du budget social de la nation et que paradoxalement aucun réexamen de fond sur la légitimité des objectifs, la pertinence des moyens et la qualité des résultats obtenus n'a été mené.

Ce réexamen et surtout les conséquences qu'il doit avoir, ne peuvent plus être différés car les faits sont criants et la réaction inexistante.
On notera par exemple qu'en 2008, selon le rapport de la Cour des Comptes, il y avait 6,3 millions d'allocataires pour 14,7 milliards d'euros et que plus de 50% des locataires du parc social avaient des ressources trop élevées pour être éligibles aux aides personnelles. Le parc social hébergeait 9,8 millions de personnes dans 4,4 millions de logements.
En face de disfonctionnements évidents et de centaines de milliers de mal logés ou pas logés du tout, la loi Boutin disposait timidement en 2009 que le droit au maintien dans les lieux pouvait être supprimé en cas de sous - occupation du logement ou de dépassement de plus de 100% des plafonds de ressources pendant 2 années consécutives sauf personnes de plus de 65 ans, handicapées ou en ZUS !. Un lobby et sans doute passé par là...
Alors, comment avancer?

Tout d'abord, dans le cadre européen d'aujourd'hui, **il ne saurait y avoir deux marchés étanches du logement** mais un seul, avec des compartiments entre lesquels devrait exister une sorte de mouvement tectonique traduisant l'évolution sociale de chaque famille et son accession progressive au logement le plus confortable possible.

Il est clair qu'il existe des freins puissants à cette évolution.

Il y a le **clientélisme politique hérité de la crise du logement de l'après - guerre** : qui propose un logement gagne un vote !
Il y a le **progressisme mal compris** qui en réalité méprise « le peuple des HLM » en en faisant le cobaye d'expériences sociales irréfléchies ou la victime du manque de rigueur sociale.
Il y a **l'inertie de la pensée unique** et, pour les meilleurs, une croyance fondamentaliste au génie de l'école française du logement social. Les prébendes ne sont pas absentes non plus : appartements abusivement accordés ou conservés, postes peu productifs mais rémunérateurs, statuts protecteurs pas toujours assortis de l'exigence de conscience professionnelle et d'éthique qui en est, dans l'administration, la contrepartie logique.

Pourtant, **le bon sens le plus élémentaire démontre que notre système, avec ses mauvais et aussi ses bons côtés, a franchi le seuil de non pertinence et que les clignotants rouges se sont allumés et restent au rouge : la mission nationale n'est plus assurée.**
Zones de turbulence sociale plus nombreuses que dans des pays beaucoup plus denses, insuffisance chronique par rapport aux besoins, multiplication des réformettes, incapacité à faire évoluer l'urbanisme concentrationnaire. Pourquoi s'obstiner ?

Il ne suffit plus de déclamer en permanence « Pour résoudre le problème, construisons plus de locatif HLM ! » sans savoir vraiment pour quoi et pour qui ni ce que sont vraiment les nouvelles constructions.

Ce que nous devons faire, c'est maintenant marcher vers l'économie mixte du logement.

Tous les dispositifs utilisés en France ou ailleurs sont intéressants et applicables : *Besson* amélioré, accession raisonnable, locatif lié au marché.

Faisons de notre retard un atout et utilisons au mieux les évolutions européennes !
Mais pour cela, un certain nombre de conditions doivent d'abord être remplies : **alléger et régionaliser le carcan intellectuel du**

logement social à la française, ne pas isoler le secteur social du marché global de l'habitat, associer à l'effort de logement la totalité des partenaires (privés et publics, nationaux et locaux, constructeurs et financiers, bailleurs et citoyens), **laisser les collectivités territoriales librement administrer leur population et leur territoire** conformément à la Constitution. Elles, au moins, sont soumises à la sanction du vote.

La **mobilité** des habitants est elle aussi un objectif à retenir car il est bénéfique à tous : le parcours résidentiel tant vanté mais freiné voire immobilisé dans la réalité, doit se dérouler sur un territoire proche de celui de l'emploi.

L'économie mixte, en partenariat avec les collectivités territoriales, doit offrir de nouvelles possibilités de services annexes, d'un entretien décent et rationnel des logements et être le garant d'un lien supplémentaire avec le parc privé.

La finance aussi, aujourd'hui faiblement mobilisée, doit être mise au service, non seulement d'une accession fondée sur de nouveaux principes, mais d'une économie financière très différente du logement social. Banques, Caisses d'Épargne et banques mutualistes, investisseurs institutionnels, assurances, toutes disposent de spécialistes à la recherche d'investissements sûrs à valoriser et le logement social est un investissement sûrs, car il ne peut manquer de clients. Attelons-les à une tâche urgente et nationale.

Il est devenu impératif d'évoluer vers une plus grande spécialisation des acteurs du logement et une meilleure répartition de leurs tâches, avec des articulations bien huilées et des concertations plus dynamiques.

L'État, tout d'abord, doit se limiter à insuffler une politique, mais une vraie politique.
Il garantira l'équilibre de l'effort commun consenti au profit de tous.

Il rassemblera ou déconcentrera, suivant le cas, au niveau régional, des services qui n'auront plus vocation à intervenir

directement dans la gestion des attributions locatives mais à assurer une coordination et un contrôle général.
Il facilitera par la loi aux collectivités locales l'exercice de leurs responsabilités, concernant entre autres l'acquisition des sols et ou déchets immobiliers et la police du parc locatif existant.

Tout en se désengageant progressivement du rôle de financier direct, il assurera la mobilisation des intermédiaires financiers publics et privés au service de la construction et du financement des bailleurs spécialisés, tant en ce qui concerne les fonds propres que le fonds de roulement.

Il créera le cadre législatif garantissant à chacun la possibilité d'une accession sociale, de la protection d'une proportion raisonnable de son épargne et d'un toit pour ses vieux jours. Il restaurera parallèlement, dans le secteur locatif, les notions de responsabilité et de temporalité dans les relations contractuelles entre bailleur et locataire. Il contrôlera et animera efficacement le secteur.

Ce sont les collectivités territoriales et en particulier les Régions qui porteront l'essentiel de la responsabilité politique du logement, en fonction de la pertinence de leur territoire par rapport aux besoins. Elles assureront la cohésion des marchés libre et social et la coordination des efforts financiers consentis par les accédants eux-mêmes, les ressources des marchés, les entreprises et les pouvoirs publics, par exemple par la création de Caisses régionales qui interviendraient aussi sur le second marché pour assurer la fongibilité des logements en accession.

Les organismes HLM d'aujourd'hui pourraient progressivement se concentrer et se spécialiser, les Offices assurant pour les Régions des missions cohérentes avec le statut de leurs agents, tandis que les groupes de construction/bail devraient progressivement se spécialiser, s'européaniser et établir des passerelles avec le secteur privé de la construction, qu'il faut cesser de diaboliser.

Les organismes financiers doivent prendre une part beaucoup plus importante à la structuration des hauts de bilan et non seulement à l'octroi de financements réglementés.

Viser une vraie socialisation du logement, une vraie mixité sociale, voilà un objectif noble et ambitieux.
Tous les citoyens adhérant au pacte social français ont un droit au logement. Pour atteindre cet objectif et éliminer le problème du foncier, aucune collectivité ne peut refuser sa part de logement social. A elle cependant de **choisir la combinaison** (accession, locatif, logement spécialisé) qui lui convient, de contribuer à l'effort général et d'administrer, sous le contrôle régional, la totalité de son parc social.
Le logement, jouera son rôle de moteur et de sanction de l'accession sociale et de l'intégration citoyenne, mais seulement si un certain nombre de conditions sont remplies

Le futur propriétaire bénéficiera d'un véritable soutien de la collectivité pour accompagner son effort d'acquisition de façon à le rendre financièrement supportable et à pouvoir le relayer en cas d'imprévu. Son futur bien sera fongible et il pourra ultérieurement l'échanger contre un autre actif dans un marché ouvert.

Le locataire, quant à lui, ne sera plus un quasi-propriétaire à qui une puissance anonyme tend d'une main la clé tout en menaçant de l'autre de la lui reprendre, un descendant de l'ouvrier à qui son patron accordait le logement en en faisant selon son gré, un privilégié ou un serviteur. Mais il doit aussi être responsable, c'est à dire accepter de signer un bail à durée déterminée au travers duquel sera assuré le respect de ses propres droits mais aussi, ce qui n'est pas le cas actuellement, ceux de la collectivité.
Dans tous les cas, il doit être partie prenante. S'il est propriétaire, ce qui est préférable, il doit l'être vraiment et pouvoir disposer comme il l'entend d'un bien acheté socialement.
S'il ne l'est pas, il peut détenir une part de l'organisme bailleur et protéger ainsi, à travers la garantie réelle offerte par le patrimoine, une partie de son capital.

Propriétaire ou coopérateur, voici deux statuts valorisants, impliquant l'engagement par la valeur de l'argent, synonyme de travail pour le titulaire d'un logement social.
Mais cette implication de l'habitant doit aussi valoir pour le début et la fin de vie : pour être parfait, le pacte de logement doit être innovant afin de couvrir les nouveaux besoins, ceux qui existent en amont et en aval de la vie professionnellement active.

C'est autour d'une triple valorisation du politique, du professionnel et du citoyen, que doit s'articuler l'avenir du logement social et plus généralement de la tâche nationale que doit constituer la réalisation d'un des plus profonds instincts de l'homme : s'abriter. C'est donc, en recherchant des évolutions cohérentes et concrètes de responsabilisation, de professionnalisme, d'ouverture, que les architectes de notre société pourront se rapprocher de cet idéal.

Alors, ès-logement, une révolution sera-t-elle nécessaire ? Elle ne le sera pas si le monde des préjugés, des habitudes et de la pensée unique s'écarte pour laisser la place à une nécessité évidente, celle d'une réforme non pas hâtive et superficielle mais vraie et profonde, portée si possible par l'ensemble des élus de la République au nom de l'Egalité et de la Fraternité qui, avec la Liberté, décorent ses frontons.

TABLE DES MATIÈRES

INTRODUCTION Page 9

LE CHOIX DES GENS Page 13

ÉTAT DES LIEUX ET LIEUX COMMUNS Page 21

- UNE HISTOIRE QUI MARQUE... Page 23

- …AU TRAVERS D'UNE VISION PATRIMONIALE TENACE Page 24

- …ET D'UN URBANISME LENT À ÉVOLUER Page 26

- DES MOTS CONTRE DES RÉALITES Page 28

- UN BAIL…QUI N'EN EST PAS UN Page 29

- À LA TÊTE DE L'IMMEUBLE OU DU CLIENT Page 29

- DU SOCIAL PAS TOUJOURS TRÈS SOCIAL Page 30

- *ANNEXE 1 (SUPPLÉMENT DE LOYER DE SOLIDARITÉ SLS)* Page 33

PAS DE JUSTICE EN HLM Page 35

- LE PLAFOND DE RESSOURCES : UN PROBLÈME CLÉ Page 37

- *ANNEXE 2 (PLAFONDS DE RESSOURCES EN € AU 01.01.2009)* Page 39

- COMMENTAIRES SUR LES TABLEAUX DES CONDITIONS DE RESSOURCES Page 41

- REVENU ET COMPORTEMENT Page 44

- SOUS LA LANGUE DE BOIS, L'INCOHÉRENCE Page 45

- UN SCÉNARIO QUI SE DÉGRADE Page 49

- LE 1% : UN COUSIN D'AMÉRIQUE Page 51

- …AUSSI INJUSTE QUE L'AUTRE Page 54

- LES HLM « DE LUXE », UNE INVENTION BIEN UTILE... Page 55

RÉSUMONS LES POINTS NOIRS Page 59

LES FONDEMENTS D'UNE RÉFORME Page 63
- QUALIFIER LA DEMANDE Page 65
- PROPRIÉTAIRE, POURQUOI PAS ? Page 66
- ..MAIS SOUS CERTAINES CONDITIONS Page 70
- PARTAGER L'EFFORT Page 72
- DISTINGUER ENTRE LES MÉTIERS Page 75
- LOGER, RIEN QUE LOGER Page 79
- L'URBANISME, C'EST UN TOUT Page 84
- UN SYSTÈME DONT ON N'A PAS QU'À SE LOUER Page 86
ET MAINTENANT, QUE FAIRE ? Page 89
- RESTAURER UNE MORALE DES LOYERS Page 91
- ET RECENTRER L'AIDE AU LOGEMENT SUR LES REVENUS VRAIMENT MODESTES Page 94
- DROIT AU MAINTIEN DANS LES LIEUX OU DROIT AU LOGEMENT ? Page 95
- LE RÉGLEMENT, C'EST POUR TOUT LE MONDE Page 98
- UN COUP D'ŒIL AUX BILANS DES ESH Page 100
- AIDER LES COLLECTIVITÉS TERRITORIALES ET LES BAILLEURS… Page 101
- *NOTE : LE LOCATIF SOCIAL : UNE OPPORTUNITÉ INTÉRESSANTE POUR L'INVESTISSEUR PRIVÉ ?* Page 102
- …SANS SE COMPLIQUER LA VIE ! Page 103
- APRÈS LES MESURES PRÉALABLES, LES RÉFORMES DE FOND Page 105
- PLANIFIER LA TERRITORIALISATION DU LOGEMENT AIDÉ, UNE PISTE DE TRAVAIL Page 105

DES MESURES AUX STRUCTURES Page 109
- LES ACTEURS TERRITORIAUX Page 111
- LES OPÉRATEURS ET LEURS FUTURES MISSIONS Page 115
- LES CONDITIONS DE LA RÉUSSITE DE L'ACCESSION SOCIALE Page 117
- UNE AUTRE VISION DE L'HABITANT Page 120
- UNE RÉVOLUTION TRANQUILLE DU FINANCEMENT… Page 121
- OU L'HABITANT PREND EN MAIN SON PROPRE DESTIN… Page 125
- OU L'ON RETROUVE L'URBANISME ET LA SOCIÉTÉ… Page 128

ON RÉCAPITULE Page 131
- GROUPE I : MIEUX QUALIFIER LA DEMANDE Page 132
- GROUPE II : TRAVAILLER L'OFFRE Page 133
- GROUPE III : MIEUX ARTICULER LE SYSTÈME Page 137
- GROUPE IV : MIEUX GÉRER L'EXISTANT Page 139
- GROUPE V : …ET QUELQUES IDÉES EN PLUS ! Page 142

CONCLUSION Page 145

REMERCIEMENTS

Merci à Aurélie DESLANDES-HOREL, pour le travail de mise en page du manuscrit.
Merci à Josette, Sylvie, Martine et David pour leurs conseils à la relecture.
Merci à Olivier JOBARD et Catherine BADUEL pour la photographie de couverture.

L'HARMATTAN, ITALIA
Via Degli Artisti 15 ; 10124 Torino

L'HARMATTAN HONGRIE
Könyvesbolt ; Kossuth L. u. 14-16
1053 Budapest

L'HARMATTAN BURKINA FASO
Rue 15.167 Route du Pô Patte d'oie
12 BP 226
Ouagadougou 12
(00226) 76 59 79 86

ESPACE L'HARMATTAN KINSHASA
Faculté des Sciences Sociales,
Politiques et Administratives
BP243, KIN XI ; Université de Kinshasa

L'HARMATTAN GUINÉE
Almamya Rue KA 028
En face du restaurant le cèdre
OKB agency BP 3470 Conakry
(00224) 60 20 85 08
harmattanguinee@yahoo.fr

L'HARMATTAN CÔTE D'IVOIRE
M. Etien N'dah Ahmon
Résidence Karl / cité des arts
Abidjan-Cocody 03 BP 1588 Abidjan 03
(00225) 05 77 87 31

L'HARMATTAN MAURITANIE
Espace El Kettab du livre francophone
N° 472 avenue Palais des Congrès
BP 316 Nouakchott
(00222) 63 25 980

L'HARMATTAN CAMEROUN
Immeuble Olympia face à la Camair
BP 11486 Yaoundé
(237) 458.67.00/976.61.66
harmattancam@yahoo.fr

L'HARMATTAN SÉNÉGAL
« Villa Rose », rue de Diourbel X G, Point E
BP 45034 Dakar FANN
(00221) 33 825 98 58 / 77 242 25 08
senharmattan@gmail.com

565061 - Mai 2014
Achevé d'imprimer par

1livre.com
du rêve à la réalité !